Jens Fl

Dietmar Plath

Airlines

A9C-KC
F1
Formula 1
GULF AIR BAHRAIN
GRAND PRIX 2011

Jens Flottau
Dietmar Plath

Airlines

Alle wichtigen Fluggesellschaften: Daten, Fakten und Geschichte

GeraMond

Impressum

Produktmanagement: Dr. Wolf-Heinrich Kulke, Doreen Wolff
Layout: imprint, Zusmarshausen
Repro: Cromika, Verona
Herstellung: Anna Katavic
Printed in Italy by Printer Trento

Alle Angaben dieses Werkes wurden von den Autoren sorgfältig recherchiert und auf den aktuellen Stand gebracht sowie vom Verlag geprüft. Für die Richtigkeit der Angaben kann jedoch keine Haftung übernommen werden. Für Hinweise und Anregungen sind wir jederzeit dankbar. Bitte richten Sie diese an:

GeraMond Verlag
Lektorat
Postfach 40 02 09
D-80702 München
E-Mail: lektorat@verlagshaus.de

Die Deutsche Nationalbibliothek verzeichnet diese Publikation in der Deutschen Nationalbibliografie; detaillierte bibliografische Daten sind im Internet über http://dnb.d-nb.de abrufbar.

ISBN 978-3-86245-320-7

Bildnachweis:

Alle Bilder stammen von Dietmar Plath, außer:
Aerolineas Argentina S. 166
Brian/Toronto S. 186/187
Czech Airlines/Petr Hejna S. 77
Dmitry Petrov/Wikimedia commons S. 41
Finnair S. 72
FRAPORT S. 2, 7
Flughafen Bremen S. 44
Flughafen München S. 8/9,
Helvetic Airlines S. 39,
Lufthansa S. 16, 180,
Qantas S. 120, 178
United Airlines S. 15, 84,
XL Airways S. 40

Die Zahlen in diesem Buch haben – soweit nicht anders angegeben – den Stand Frühjahr 2012.

Lufthansa
AA
RBS

Der Luftverkehr soll in den nächsten 20 Jahren um durchschnittlich 4,8 Prozent wachsen.

Zeiten des Wandels

Die Meldungen verhießen im Frühsommer 2012 nichts Gutes. Vom Personalabbau war die Rede, der bei Lufthansa in der Frankfurter Konzernzentrale geplant sei, Tausende Stellen seien gefährdet. Oder von der Fusion von Germanwings und den dezentralen Lufthansa-Einheiten, die Anfang 2013 umgesetzt werden soll. Bei der Tochter Austrian Airlines bekämpften Unternehmensführung und Gewerkschaften sich bis aufs Äußerste, um die Bedingungen für die dringend notwendige Sanierung zu bestimmen. Und von Januar bis April waren in Europa schon etliche Fluggesellschaften Pleite gegangen, darunter Malev, Spanair und die deutsche Regional-Airline Cirrus. Air Berlin rettete Ende 2011 der Einstieg von Etihad Airways als neuer Großaktionär.

Was zu betrachten ist, sind die Symptome eines tief greifenden Strukturwandels, von dem man sich wohl im Nachhinein fragen wird, warum es eigentlich so lange gedauert hat, bis er in

so massiver Form eingesetzt hat. Es scheint aber so, als seien die grundsätzlichen Branchentrends seit längerem gefestigt, was sich weiterhin ändert, ist die Geschwindigkeit, mit der sich der internationale Luftverkehr verändert.

Trotz aller Schwierigkeiten, mit denen die Airlines zu kämpfen haben, scheint es kaum etwas zu geben, was den Luftverkehr einbremsen könnte. Allenfalls regional begrenzt stockt die Entwicklung zwischenzeitlich, aber das Gesamtbild ist bislang fast immer positiv aus Sicht der Beteiligten. Alle 15 Jahre verdoppelt sich der Luftverkehr, aber obwohl dies doch eigentlich allen gute Bedingungen ermöglichen sollte, verändert sich die Branche stetig und grundlegend: Die Billigfluggesellschaften sind zum prägenden Geschäftsmodell für die Kurzstrecken geworden. Einmal abgesehen von den Zubringerflügen zu Drehkreuzen, für die (noch) andere Kriterien gelten, dominieren sie im Direktverkehr. Dadurch gerät das bislang etablierte Geschäftsmodell der Drehkreuz-Betreiber ins Wanken, deren zum Teil systemimmanente Kostennachteile nicht mehr zu tragen sind. Und auch die Regionalfluggesellschaften sind angesichts des wachsenden

Lufthansa tut sich schwer damit, die übernommenen Airlines wie Austrian zu sanieren.

Preisdrucks in eine tiefe Strukturkrise geraten: Die 50-Sitzer sind in vielen Segmenten verschwunden, sie werden mancherorts durch größere Jets und andererseits durch Turboprops, die eine kleine Renaissance erleben, ersetzt. Die Regionalairlines müssen auf ihre Kreativität vertrauen, immer neue Märkte zu finden, die zu klein sind für die Billigkonkurrenz, das Geschäft ist deutlich härter geworden.

Nach rasanter Gründerzeit hat sich aber auch das Billigflugsegment deutlich verändert. Im Laufe der Jahre haben sich in den unterschiedlichen Regionen dominierende Kräfte etabliert. In Europa sind das Ryanair und Easyjet, dann folgt lange nichts mehr, allenfalls die spanische Vueling hat trotz schwieriger Marktbedingungen erstaunlichen Erfolg. Andere, wie Germanwings, haben den Anschluss verpasst, weil sie nicht schnell genug gewachsen sind. Air Berlin hat eine Strategie gewählt, durch die sich die Airline ursprünglich irgendwo zwischen den traditionellen und den neuen Anbietern angesiedelt hat. Doch der Beitritt zur Oneworld-Allianz und der Einstieg von Etihad geben nun wieder eine eindeutige Richtung vor. Fortschritte in der Informationstechnologie machen es aber grundsätzlich den ehemals reinen Billigfliegern leichter, Produktaspekte der klassischen Airlines zu übernehmen. Die Grenzen verwischen immer mehr, aber in den neuen Möglichkeiten lauern auch Gefahren. Wer überzieht, der endet mit dem Kostenniveau eines klassischen Anbieters und den Durchschnittserlösen einer Billigairline.

Während die Low Cost Carrier dazu beigetragen haben, dass die Preise im langjährigen Durchschnitt immer weiter gesunken sind (von zyklischen Schwankungen einmal abgesehen), gibt es auf der Kostenseite einen gegenläufigen Trend, der sich in den ver-

Die Billigfluggesellschaften Easyjet und Ryanair dominieren den Europaverkehr.

gangenen Jahren immer weiter verfestigt hat: die hohen Treibstoffpreise. Jahrzehntelang war Treibstoff ein Kostenpunkt unter vielen, der nicht weiter auffiel und das Geschäft nicht weiter behinderte. Irgendwo zwischen zehn und 20 Prozent der Kosten entfielen auf das Flugbenzin. Doch seit die Angst vor Knappheit und Spekulation den Preis in erstaunliche Höhen getrieben hat, hat sich das Airline-Sterben beschleunigt. Der Anteil der Treibstoffkosten liegt bei den meisten Anbietern zwischen 30 und 40 Prozent, bei manchen Billig-Airlines sogar bei der Hälfte der Gesamtkosten. Das ist auf Dauer ruinös, weil es den Airlines nicht gelingen kann, gleichzeitig die Ticketpreise so sehr zu erhöhen, wie sie das tun müssten, um am Ende profitabel fliegen zu können.

Die hohen Treibstoffpreise bringen viele Airlines weltweit in Existenznöte.

Die Gefahr besteht darin, dass man mit zu hohen Preisen die Nachfrage abwürgt. Und die Erfahrung lehrt, das sich immer ein Konkurrent findet, der Überkapazitäten hat und diese dann doch wieder über den Preis zu füllen versucht.

Die hohen Treibstoffpreise sind allerdings nicht Ursache der Strukturveränderungen, sie beschleunigen einen Prozess, der sowieso schon im Gange ist.

Die Entwicklung des Luftverkehrs ist eng an jene der Weltwirtschaft gekoppelt. In der Regel wächst er sogar fast doppelt so schnell wie die allgemeine Wirtschaft, zumal im Zeitalter der Globalisierung. Und die beiden Faktoren bedingen sich gegenseitig: Die Luftfahrt wächst, wenn die Wirtschaft wächst – und die Wirtschaft wächst, wenn die Luftfahrt die Voraussetzungen dafür schafft. So ist eine funktionierende Luftverkehrsindustrie für die wirtschaftliche Entwicklung eine wichtige Voraussetzung.

Die Gewichte in der Weltwirtschaft haben sich in den vergangenen Jahren deutlich verschoben und nach allen Prognosen wird sich dieser Prozess noch weiter fortsetzen. Asien hat seinen Aufstieg fortgesetzt und so ist die Region auch in der Luftfahrt nahezu gleich groß wie Europa und Nordamerika. Die lateinamerikanischen Airlines, die noch vor wenigen Jahren vor allem durch ihre veralteten Flotten aufgefallen sind, profitieren vom Boom auf ihrem Kontinent und gehören nun zu den Teilen der Industrie, die sich am schnellsten gewandelt haben. Nach der Fusion von LAN und TAM ist der neue

LAN gilt als die am besten geführte Fluggesellschaft Lateinamerikas.

LATAM-Konzern die nach Börsenwert größte Fluggesellschaft der Welt.

Europa stagniert hingegen und wenn die großen drei – International Airlines Group (IAG), Lufthansa und Air France-KLM – nicht den Anschluss verlieren wollen, dann werden sie ganz anders handeln müssen als in der Vergangenheit. Die Konzerne müssen ihre Kosten so in den Griff bekommen, dass sie wieder profitabel arbeiten und Geld übrig haben, um zu investieren. Und wenn sie investieren, dann wird es nicht mehr reichen, Nachbarn wie Austrian Airlines oder Alitalia zu übernehmen. Sie werden versuchen müssen, am Wachstum in Asien oder Lateinamerika teilzuhaben, durch Beteiligungen, Übernahmen oder wenigstens Allianzen.

Doch die Zeichen stehen nicht gut für die europäischen Airlines. Die International Air Transport Association (IATA) hat im Frühsommer 2012 die Prognose für den Sektor nach unten korrigiert. Mehr als eine Milliarde Dollar werden die europäischen Airlines demnach im Jahr 2012 verlieren, mehr als doppelt so viel wie ursprünglich angenommen.

Doch neben den aktuellen Finanzproblemen bleibt die Sorge, dass der Branche in Europa die politische Rückendeckung fehlt. Es gibt neue Steuern, den Emissionshandel, aber bei der Infrastruktur der Flugsicherung und der Flughäfen tut sich wenig.

Ende der 90er-Jahre begann die große Zeit der Allianzen. Innerhalb von drei Jahren wurden Star Alliance, Oneworld und Skyteam gegründet. Sie kontrollieren mittlerweile mehr als zwei Drittel des Weltluftverkehrs. Praktisch alle großen internationalen Fluggesellschaften haben sich einer der drei Gruppen angeschlossen. Ihr Erfolg – abgestimmte Vielfliegerprogramme, Lounges, Gemeinschaftsflüge – war so durchschlagend, dass sie sich damit selbst zum großen Teil wieder egalisierten. Jeder hatte bald wieder den gleichen Standard erreicht, und es brauchte schon wieder mehr, um sich von der Konkurrenz abheben zu können. Innerhalb der Allianzen haben sich zuletzt immer mehr Gemeinschaftsunternehmen entwickelt, die noch stärker integriert sind. So durften Iberia, British Airways und American Airlines endlich enger auf den Nordatlantikstrecken kooperieren, ebenso wie das Delta und Air France-KLM sowie Lufthansa und United tun. Auch über den Pazifik haben sich solche Partnerschaften entwickelt, vor allem zwischen den beiden japanischen Carriern All Nippon Airways und Japan Airlines auf der einen sowie United und American auf der anderen Seite.

Die Joint Ventures kommen einer Fusion, die aus eigentumsrechtlichen Gründen oft kompliziert ist, schon sehr nahe. Dennoch beteiligen sich die Airlines nun immer häufiger aneinander oder fusionieren. In den USA haben zuletzt United und Continental sowie Delta und Northwest zusammengefunden, bald könnten American und US Airways folgen.Die Fusionen finden oft innerhalb der Grenzen der Allianzen statt, aber nicht immer. American und US Airways wäre so ein Beispiel, vor allem aber der Fall LAN und TAM. LAN ist

United und Continental sind nach der Fusion eine der größten Fluggesellschaft der Welt.

Gründungsmitglied von Oneworld, TAM ist seit 2010 Mitglied von Star Alliance. Beiden Gruppen geht es vor allem darum, eine bedeutende Präsenz in Brasilien zu erhalten. Doch die chilenischen Wettbewerbsbehörden haben geurteilt, dass LATAM sich für eine Allianz entscheiden muss.

Ein funktionierendes Langstreckengeschäft konnten die meisten großen Anbieter lange Zeit als gegeben hinnehmen, anders als auf der Kurzstrecke stimmten die Margen meist. Doch auch das ist nicht mehr richtig. Auf den Strecken zwischen Europa und Asien mischen die drei Golf-Airlines Etihad, Qatar Airways und Emirates den Markt auf und drücken die Preise. Ihr Wachstum ist aus Sicht der Konkurrenten beängstigend und es hat nicht nur Folgen für die Strecken in der Region. Wer dort nicht mehr konkurrenzfähig ist, zieht Kapazität eher ab und versucht es anderswo. Und so bleibt der stetige Wandel wohl die einzige Konstante, auf die die Airlines zählen können.

Am 19. Mai 2010 übernahm die Lufthansa ihren ersten Airbus A380.

Lufthansa

Wenn man die Lufthansa von heute und von vor zehn Jahren miteinander vergleicht, dann gibt es einige wichtige Konstanten: Die Bemalung der Flugzeuge hat sich nicht geändert und die Grundhaltung, die Dinge am besten im selbst vorgegebenen Tempo zu verändern, die man manchmal als Arroganz und manchmal nur als gesundes Selbstbewusstsein auslegen möchte. Doch unter der Oberfläche hat sich viel getan für die größte deutsche Fluggesellschaft, vor allem vom Konsolidierungstrend in der Branche konnte Lufthansa profitieren. Spätestens seit der Jahrtausendwende und dem starken Wachstum der Billigfluggesellschaften ist der Wettbewerb noch intensiver geworden. Viele der alten Airlines wie Swissair, Austrian, Sabena flogen entweder in eine jahrelange Krise oder verschwanden ganz vom Markt. Unter ihrem damaligen Vorstandschef Wolfgang Mayrhuber (2003–2010) begann Lufthansa eine in ihrer Geschichte beispiellose Einkaufstour. Sie übernahm nacheinander Swiss, den Sabena-Nachfolger Brussels Airlines, BMI Bri-

tish Midland und Austrian sowie beinahe noch Alitalia. In dieser Phase wurde sie neben Air France-KLM zum unangefochtenen Marktführer im europäischen Luftverkehr.

Doch die Expansion brachte auch Probleme, denn von den neuen Tochtergesellschaften ist nur Swiss wirklich profitabel. Christoph Franz, der Mayrhuber-Nachfolger, verkaufte BMI und schickte den Ex-Star Alliance-Chef Jaan Albrecht als Sanierer zu Austrian. Und gemeinsam mit Aufsichtsratschef Jürgen Weber leitete er die nächste Phase in der Konzernentwicklung ein: Die vielen neuen Töchter sollen stärker integriert werden, die Gruppe soll alle Sparmöglichkeiten nutzen. Denn so sehr Lufthansa einerseits von den Branchentrends profitiert hat, so sehr sind sie auch für sie gefährlich. Weiterhin verliert das Unternehmen viel Geld im Europageschäft und müsste sich wohl noch viel stärker verändern, um dort wieder schwarze Zahlen zu schreiben. Doch vor harten Einschnitten scheut Lufthansa traditionell immer zurück.

Bislang konnte sich die Airline immer darauf verlassen, dass die Verluste auf der Kurzstrecke und im Zubringerverkehr durch die hohen Gewinne auf der Langstrecke ausgleichen konnte. Doch die hohen Treibstoffpreise und neue Konkurrenten wie Emirates sorgen dafür, dass diese Rechnung in Zukunft nicht mehr aufzugehen droht. In den nächsten Jahren steht Lufthansa daher gezwungenermaßen vor einem Strukturwandel.

Lufthansa	
gegründet	6. Januar 1953
Sitz	Köln
IATA/ICAO-Code	LH/DLH
Mitarbeiter	35.155
Passagiere	**65,5 Mio.**
Ziele	212
Flotte gesamt	280
8 A380-800, 29 747-400, 26 A340-300, 24 A340-600, 15 A330-300, , 51 A321, 46 A320, 26 A319, 33 737-300, 22 737-500	
Allianz	Star Alliance
Hubs	Frankfurt, München, Düsseldorf

Eine Boeing 737-800 startet auf dem Flughafen von Palma de Mallorca.

Air Berlin

Ende 2011 sah es für eine Weile so aus, als seien die Tage von Air Berlin gezählt. Das Unternehmen hatte seit dem Börsengang 2006 in den meisten Jahren Verluste gemacht. Auch 2011, kein besonders schwieriges Jahr für die Branche, hatten mehrere Faktoren Air Berlin das Geschäft erschwert: Die neue Luftverkehrsabgabe, die Krise im Nahen Osten, die hohen Treibstoffpreise, vor allem aber das verworrene eigene Geschäftsmodell. Air Berlin ist im internationalen Vergleich nicht einmal eine besonders große Fluggesellschaft, aber es gibt kaum ein Segment, dass die Airline nicht besetzt. Hybrid nennt Air Berlin das Konzept, doch das ist wohl ein Missverständnis. Andere Hybrid-Carrier vermengen Aspekte verschiedener Geschäftsmodelle in einem durchgängigen Konzept, Air Berlin versucht, mehrere Geschäftsmodelle nebeneinander aufrechtzuerhalten.

Mit dem Einstieg von Etihad, der im Dezember 2011 verkündet wurde, ist Air Berlin die ärgsten finanziellen Sorgen

los. Der neue Anteilseigner sorgte nicht nur über eine Kapitalerhöhung für frisches Geld, sondern auch über einen, allerdings hochverzinsten, Kredit.

Die Finanzspritze aus Abu Dhabi sorgte dafür, dass Air Berlin im März 2012 auch wie geplant der Oneworld-Allianz beitreten konnte. Doch die beiden Entscheidungen machen dem Unternehmen das Leben leichter und schwerer zugleich. Kurzfristig ist vor allem der neue Anteilseigner eine nötige Lebensversicherung, gleichzeitig schränken er und Oneworld die Möglichkeiten von Air Berlin ein, sich neu zu orientieren. Die Airline kann sich kaum mehr auf den Bereich ihres Geschäfts konzentrieren, in dem sie groß geworden ist: der touristischen Fliegerei.

Die gegenwärtigen wirtschaftlichen Schwierigkeiten dürfen nicht darüber hinwegtäuschen, dass das Unternehmen lange Zeit eine Erfolgsgeschichte aufzuweisen hatte. Diese begann vor gut 20 Jahren mit dem Einstieg des ehemaligen LTU-Managers Joachim Hunold. Dem neuen Chef gelang es, Air Berlin als Marktführer im touristischen Luftverkehr in Deutschland zu etablieren. Hunold erkannte früher als alle anderen, dass es ein Fehler war, nur mit großen Maschinen von den großen Airports aus zu fliegen. Hunold ließ seine rot-weißen Jets in Paderborn, Münster, Nürnberg oder Saarbrücken starten. Doch irgendwann beschloss Hunold, seine Airline zu einer kleinen Lufthansa umzukrempeln, um im Geschäft mit den ganz Großen mitzuspielen. Und damit begannen die Schwierigkeiten.

Air Berlin	
gegründet	1978
Sitz	London
IATA/ICAO-Code	AB/BER
Mitarbeiter	9.200
Passagiere	**35,3 Mio.**
Ziele	162
Flotte gesamt	133
12 A330-200, 2 A330-300, 11 A321, 34 A320, 10 A319, 38 737-800, 26 737-700,	
Allianz	Oneworld
Hubs	Düsseldorf, Berlin, Mallorca, Wien

Swiss International Air Lines

Swiss International Air Lines ist gerade einmal zehn Jahre alt und doch hat das Unternehmen schon fast alles durchgemacht, was das Wirtschaftsleben so zu bieten hat: Schlimme Intrigen, die große Krise, eine schmerzhafte, aber erfolgreiche Sanierung, den Verkauf an einen neuen Investor und Jahre großen Erfolges, in denen die Fluggesellschaft zur profitabelsten Einheit innerhalb des Lufthansa-Konzerns geworden ist.

Die Airline wurde 2002 gegründet, um einen Nachfolger für die Ende 2001 Pleite gegangene Swissair zu finden. Ihre Basis war die Regionalfluggesellschaft Crossair, deren größter Einzelaktionär die Swissair war. Der ehemalige Crossair-Pilot und -Manager André Dosé wurde erster Vorstandschef der Swiss und stand in den schwierigen ersten Jahren in der Verantwortung.

Swiss	
gegründet	13. Mai 2002
Sitz	Basel
IATA/ICAO-Code	LX/SWR, SWU
Mitarbeiter	7 600
Passagiere	**15,3 Mio.**
Ziele	70
Flotte gesamt	84
15 A340-300, 12 A330-300, 3 A330-200, 7 A321, 23 A320, 7 A319, 20 Avro RJ100	
Allianz	Star Alliance
Hubs	Zürich, Genf

Swiss war mit Milliardenhilfen des Staates gestartet, und doch war nach wenigen Jahren klar, dass das Unternehmen immer noch zu viel von den alten Swissair-Strukturen und -Kosten mit sich trug. Dosé, sein Interims-Nachfolger Pieter Bouw und vor allem schließlich der heutige Lufthansa-Chef Christoph Franz kürzten und sparten, wo sie nur konnten. Als die Grundzüge der Sanierung schon festgezurrt und der Prozess längst im Gang war, stieg Lufthansa 2005 zunächst mit einer Minderheitsbeteiligung ein und über-

Swiss setzt den Airbus A321 unter anderem regelmäßig nach Athen ein.

nahm die Airline später ganz. Seither ist Swiss Mitglied des Verbundes und betreibt in Zürich einen der drei großen Hubs der Gruppe. Vor allem auf den Langstrecken ist Swiss erfolgreich. Die Schweiz ist in diesem Segment immer noch ein attraktiver Markt. Der Flugplan ist mit München und Frankfurt abgestimmt, sodass Lufthansa und Swiss gemeinsam ihren Kunden je nach Zeit unterschiedliche Verbindungen zu den Zielen anbieten können. Der Nachteil: Die Airline konzentriert sich mittlerweile wieder sehr stark auf Zürich, in Städten wie Basel und Genf dominieren andere, vor allem die Billigfluggesellschaft Easyjet.

Swiss profitiert von der Sanierungsarbeit in den schweren Jahren bis heute, denn dabei war es gelungen, die Kosten strukturell zu senken. Franz und sein Nachfolger Harry Hohmeister achten darauf, dass Swiss sich diesen Vorteil erhält. Bislang sind sie dabei weitgehend erfolgreich geblieben – vor allem auf der Langstrecke.

Austrian Airlines mit einer 737-700 in Mailand Malpensa.

Austrian Airlines

Im Frühjahr 2011 sah es endgültig so aus, als sei Austrian Airlines ein hoffnungsloser Fall. Lufthansa hatte ihren ehemaligen Verkaufsvorstand Thierry Antinori nach Wien geschickt, um einen neuen Sanierungsversuch bei der defizitären Tochtergesellschaft zu starten. Doch wenige Tage vor Amtsantritt sprang Antinori ab und erweckte damit den Eindruck, als sei ihm die Sache doch zu riskant geworden. Der Tiefpunkt war erreicht. Ein knappes Jahr später ist ein neuer Anlauf gestartet. Jaan Albrecht, der zehn Jahre lang an der Spitze der Star Alliance stand, wechselte von Frankfurt nach Wien und beschloss dort schon nach wenigen Wochen einschneidende Veränderungen: Die Europaflotte sollte harmonisiert werden, alle Boeing 737 ausgemustert werden. Gleichzeitig will Austrian in den nächsten Jahren auf der

Kosten waren viel zu hoch, die interne Bürokratie beeindruckend. Und Austrian war in den unternehmerischen Entscheidungen nicht frei: Unter dem Druck der Regierung musste sie die angeschlagene Lauda Air übernehmen, eine Entscheidung, die nicht unerheblich zu den langjährigen Schwierigkeiten beigetragen hat. Sehenden Auges flog Austrian immer tiefer in die Krise, bis der Verkauf der Airline die einzig verbliebene Chance zu sein schien. Air France-KLM wollte einsteigen, auch die russische S7 Airlines bot mit, am Ende bekam der Star Alliance-Partner Lufthansa den Zuschlag.

Die neuen Eigentümer glaubten anfangs, sie könnten den schnellen Sanierungserfolg, den sie bei Swiss beobachteten, bei Austrian wiederholen. Doch dafür war noch zu wenig von der harten Sanierungsarbeit geleistet und Österreich ist ein weniger lukrativer Markt als die Schweiz.

Langstrecke wieder wachsen und vier zusätzliche Maschinen übernehmen. Albrecht hat zudem entschieden, den gesamten Flugbetrieb auf Regionaltochter Tyrolean zu übertragen. Dadurch sollen die Personalkosten zumindest mittelfristig deutlich sinken.

Austrian büßt letztlich heute noch für die Fehler der Vergangenheit. Zu lange war das Unternehmen ein Objekt der österreichischen Politik, aufgeteilt streng nach Proporz zwischen den beiden großen Parteien ÖVP und SPÖ. Die

Austrian Airlines	
gegründet	1957
Sitz	Wien
IATA/ICAO-Code	OS/AUA
Mitarbeiter	8.200
Passagiere	**11,3 Mio.**
Ziele	130
Flotte gesamt	80
7 A319, 9 A320, 6 A321, 2 737-600, 2 737-700, 7 737-800, 9 Fokker 70, 15 Fokker 100, 13 Q400, 6 767-300ER, 4 777-200ER	
Allianz	Star Alliance
Hubs	Wien

TUIfly betreibt eine reine 737-Flotte – auf dem Foto zwei 737-800 auf Lanzarote.

TUIfly

Hinter dem Namen TUIfly verbirgt sich eigentlich zweierlei: eine der traditionsreichsten deutschen Ferienfluggesellschaften – Hapag Lloyd und ein gescheitertes Experiment – Hapag Lloyd Express. 2007 gab der große Reisekonzern die bisherigen Markennamen auf und übertrug den eigenen Namen auch auf die Airline, die eine Weile noch die beiden Konzepte, Ferien- und Billigflug, weiterverfolgte. Doch im Linienverkehr war die Marke und die Strategie nicht gut genug, TUIfly flog hohe Verluste ein. 2009 trennte sich das Unternehmen daher endgültig von den ehemaligen HLX-Strecken und gab sie an Air Berlin weiter. Seither ist TUIfly wieder das, was Hapag-Lloyd seit den Anfängen war – eine deutsche Ferienfluggesellschaft.

Die Hapag-Lloyd Flug wurde ursprünglich von der Reederei 1972 gegründet und begann den Flugbetrieb ein Jahr später mit einer Boeing 727. Die Maschine wurde zunächst auf der Strecke Hamburg–Ibiza eingesetzt und begründete letztlich eine Ära in der deutschen Ferienfliegerei.

Später, mit dem Airbus A310, bot Hapag-Lloyd auch Langstrecken an. Die A310 spielt allerdings auch eine Hauptrolle im wohl bislang dunkelsten Kapitel der Firmengeschichte, der Bruchlandung wegen Treibstoffmangels auf dem Flughafen Wien, der um ein Haar eine Katastrophe hätte werden können. Die Piloten hatten vor, den ganzen Weg von Kreta nach Deutschland mit ausgefahrenem Fahrwerk zu fliegen und haben ganz offensichtlich den viel höheren Kerosinverbrauch falsch berechnet.

Im Jahr 2002 stieg Mutterkonzern TUI in das Billigfluggeschäft ein, versprach der Sektor doch atemberaubende Wachstumsraten. TUI gründete Hapag-Lloyd Express (HLX) und startete mit der Basis Köln in das Abenteuer. Doch von den einst großen Plänen – von rund 100 Flugzeugen war anfangs die Rede – blieb im Laufe der Zeit nicht mehr viel übrig. Es folgte die Fusion der mittlerweile in TUIfly umbenannten Hapag-Lloyd und HLX. Doch das Billiggeschäft funktionierte auch in der neuen Konstellation nicht richtig, und so gab TUIfly schließlich die europäischen Linienstrecken an Air Berlin ab, um sich selbst auf den Bereich zu konzentrieren, in dem schon die alte Hapag-Lloyd 1972 begonnen hatte.

TUIfly	
gegründet	1972
Sitz	Hannover
IATA/ICAO-Code	HF, X3/HLF
Mitarbeiter	2.325
Passagiere	**8 Mio.**
Ziele	26
Flotte gesamt 40	
30 Boeing 737-800, 10 Boeing 737-700	
Allianz	keine

Germanwings setzt ausschließlich den Airbus A319 ein.

Germanwings

Germanwings war gedacht als die große Antwort der Lufthansa auf die neue Bedrohung der Billigfluggesellschaften. In Strategiepapieren war einst davon die Rede, die damalige Eurowings-Tochtergesellschaft schnell auf eine Flotte von rund 100 Flugzeugen wachsen zu lassen. Immer wieder empfahlen Berater und eine der Fraktionen im Lufthansa-Konzern, der Airline einen großen Teil des Kurz- und Mittelstreckenverkehrs zu übertragen, weil diese viel billiger produzieren könne als der große Konzern selbst.

Heute nähert sich ihr Geschäftsmodell immer mehr an das der Lufthansa an, die Zukunftsperspektiven sind unklar.

Germanwings wurde eigentlich bereits 1997 gegründet, als Eurowings Flug mit einer Flotte von Airbus A319, die Ferienziele rund um das Mittelmeer ansteuerte. Doch als klar wurde, dass Lufthansa Ryanair und Easyjet etwas entgegensetzen müsste, bediente sie sich bei der Regionaltochter Eurowings und ließ deren Charter-Ableger umbauen. 2002 startete die neue Billiglinie von ihrer neuen Basis am Flughafen Köln/Bonn aus. Der Airport ist bis heute der größte Standort im Germanwings-Netz, auch Stuttgart ist hinzugekommen. Anderswo hingegen, etwa in Hamburg und Berlin, musste die Airline sich nach zwischenzeitlich starkem Wachstum auf Geheiß von Lufthansa wieder zurückziehen.

2009 stieg Lufthansa als Eigentümer bei der Airline ein. Eine einst geplante Fusion mit Condor und TUIfly scheiterte. Dafür rücke Germanwings immer näher an die Lufthansa, etwa beim Produkt und den Kosten. Die Piloten haben es geschafft, in den Lufthansa-Konzerntarifvertrag aufgenommen zu werden und verdienen nun nur noch unwesentlich weniger als ihre Kollegen bei der Muttergesellschaft. Germanwings-Passagiere können Lufthansa-Meilen sammeln, es gibt gemeinsame Großkundenverträge der beiden Airlines. Und mittlerweile hat der Carrier tatsächlich auch einige dezentrale Strecken vor allem im innerdeutschen Verkehr übernommen. Ab 2013 sollen Eurowings und der dezentrale Verkehr bei Lufthansa voll integriert werden.

Germanwings	
gegründet	Oktober 2002
Sitz	Köln
IATA/ICAO-Code	4U/GWI
Mitarbeiter	1.373
Passagiere	**7,5 Mio.**
Ziele	90
Flotte gesamt	32 A319
Allianz	keine
Hubs	Köln/Bonn

Condor plant, mittelfristig die Boeing 757-300 durch Airbus A321 zu ersetzen.

Condor

Wenn man einmal Revue passieren lässt, was in den vergangenen Jahren alles nicht geklappt hat bei der Feriengesellschaft Condor, dann müsste man eigentlich davon ausgehen, dass es dem Unternehmen ziemlich schlecht gehen sollte. Nur ein paar Beispiele: 2008 scheiterte der Plan, mit Air Berlin zu fusionieren am Bundeskartellamt und an der schwächelnden Air Berlin-Aktie, die den Deal unerschwinglich machte. Ein paar Monate später musste die Airline auch das Vorhaben begraben, mit TUIfly und Germanwings einen neuen, großen Ferienflieger zu gründen. Die TUI stellte, so heißt es, unannehmbar hohe Forderungen. Und seit 2009 hat sich die Lufthansa komplett als Anteilseigner zurückgezogen.

Condor	
gegründet	21.12.1955
Sitz	Kelsterbach
IATA/ICAO-Code	DE/CFG
Mitarbeiter	3.000
Passagiere	**6,1 Mio.**
Ziele	70
Flotte gesamt 35	
10 767-300ER, 13 757-300, 12 A320	
Allianz	keine

Es ist ruhig geworden in Sachen Übernahmen und Konsolidierung. Das Condor-Management hat das Unternehmen nach einer schwierigen Phase vergleichsweise geräuschlos saniert. Condor ist die einzige deutsche Ferienfluggesellschaft, die ordentliche Gewinnmargen abwirft – und das bis 2012, trotz der finanziellen Schwierigkeiten der Muttergesellschaft Thomas Cook, der Ölpreise oder der Luftverkehrsabgabe, die Konkurrenten wie Air Berlin als Grund für ihre wirtschaftlichen Probleme heranführen. Eine kleine Erfolgsgeschichte also, nicht zu trennen vom Namen des Condor-Chefs Ralf Teckentrup, der bei der Frankfurter Airline sein Meisterstück abgeliefert hat.

Der Deutsche Flugdienst, Vorläufer der Condor, wurde 1955 von der Lufthansa, der damaligen Deutschen Bundesbahn, dem Norddeutschen Lloyd und der Hamburg-Amerika-Linie gegründet. 1961 übernahm der Flugdienst die Condor Luftreederei und nannte sich fortan Condor Flugdienst. Die Firma war viele Jahre lang Marktführer in der deutschen Ferienfliegerei. In den 70er-Jahren betrieb die Airline gar zeitweise zwei Boeing 747. 2006 entschloss sich Lufthansa, sich aus dem Touristikgeschäft zurückzuziehen. In mehreren Schritten übernahm der Thomas Cook-Konzern das Unternehmen vollständig. In den nächsten Jahren muss Condor die 767-Flotte ersetzen.

Lufthansa Cityline betreibt insgesamt 32 CRJ700 und CRJ900.

Lufthansa Cityline

Lufthansa CityLine geht auf die ursprüngliche OLT zurück, von der 1974 die Bäderfliegerei abgetrennt wurde. Die Deutsche Lufttransportgesellschaft (DLT) entstand. 1978 stieg die Lufthansa als Minderheitsgesellschafter bei der Airline ein, die bis dahin der AGIV gehört hat. 1986 übernahm die DLT die erste Embraer 120, ein Jahr später die erste Fokker 50.

Seit 1989 ist Lufthansa Mehrheitseigner des Unternehmens, das zwei Jahre später in Lufthansa Cityline umbenannt wurde. Es begann eine Phase starken Wachstums, basierend auf den Flugzeugmustern CRJ-200 und Avro RJ-85. Seit Ende der 90er-Jahre betrieb die Cityline nur noch Jets. Doch die kleinen CRJ-100/200 waren zuletzt nicht mehr wirtschaftlich zu betreiben, die Airline stieg auf die größeren Muster von Embraer und Bombardier um. Im Rahmen des SCORE-Programms soll sich Cityline auf Zubringerflüge beschränken.

Lufthansa Cityline	
gegründet	1958
Sitz	Köln
IATA/ICAO-Code	CL/CLH
Mitarbeiter	2.332
Passagiere	**6,8 Mio.**
Ziele	75
Flotte gesamt	61
9 Avro RJ85, 20 CRJ700, 12 CRJ900, 9 Embraer 190, 11 Embraer 195	
Allianz	keine

Neun Fokker 70 von Tyrolean Airways sind für Austrian Airways in Europa unterwegs.

Tyrolean Airways

Die Marke Tyrolean Airways ist verschwunden, seit Austrian ihre Regionalflüge als Austrian Arrows durchführen lässt, doch das Unternehmen besteht fort. Tyrolean basiert auf der Aircraft Innsbruck. 1978 übernahmen Gernot Langes-Swarovski und Christian Schwemberger-Swarovski das Unternehmen von seinen Gründern und änderten den Namen in Tyrolean ein Jahr später. 1980 nahm Tyrolean die ersten Linienflüge von Innsbruck nach Wien auf und setzte dabei Maschinen vom Typ Dash-7 ein. Nachdem es schon zuvor eine kommerzielle Zusammenarbeit zwischen Tyrolean und Austrian gab, stieg der National Carrier 1994 mit zunächst 42 Prozent als Anteilseigner ein. 1998 übernahm Austrian die Regionalfluggesellschaft komplett. Sie entschied im Frühjahr 2012, den eigenen Flugbetrieb aus Kostengründen vollständig bei Tyrolean Airways zu integrieren.

Tyrolean Airways	
gegründet	1. April 1980
Sitz	Innsbruck
IATA/ICAO-Code	VO/TYR
Mitarbeiter	1.500
Passagiere	**4,5 Mio.**
Ziele	über 100
Flotte gesamt	38
14 Q400, 9 Fokker 70, 15 Fokker 100	
Allianz	Star Alliance
Hubs	Wien

Die silberne Fliegenbemalung trägt die A320 bereits seit Herbst 2005.

Fly Niki

Eigentlich hatte sich Niki Lauda irgendwie schon aus der Luftfahrt verabschiedet. Seine Lauda Air war nun Teil von Austrian Airlines und der ehemalige Formel 1-Fahrer für den Moment raus aus dem Geschäft. Doch 2003 tat sich unverhofft die Chance auf, doch noch einmal zurückzukehren. Lauda stieg bei der österreichischen Tochtergesellschaft der insolventen Aero Lloyd ein und nannte sie FlyNiki. Kaum ein halbes Jahr später stieg auch noch Air Berlin als Minderheitsaktionär ein. Mit 21 Flugzeugen und sechs weiteren Bestellungen hatte es Fly Niki bis Anfang 2012 zu einer für den Markt Österreich beachtlichen Größe gebracht. Die Airline verfolgt ein Billigflugkonzept, seit Ende 2011 gehört Niki zu 100 Prozent zur Air Berlin-Gruppe. Niki Lauda sitzt seither nur noch im Aufsichtsrat von Air Berlin.

Niki Luftfahrt GmbH	
gegründet	2003
Sitz	Wien
IATA/ICAO-Code	HG/NLY
Mitarbeiter	650
Passagiere	**k.A.**
Ziele	k.A.
Flotte gesamt	21
4 A321, 10 A320, 7 Embraer 190	
Allianz	Oneworld
Hubs	Wien

Die Eurowings-Flotte besteht ausschließlich aus 23 CRJ900.

Eurowings

Eurowings ging 1993 aus dem Nürnberger Flugdienst (NFD) und der Reise- und Industrieflug (RFG) aus Dortmund hervor. Der starke Mann im Hintergrund war der Gipshersteller Albrecht Knauf. Eurowings war zunächst ein klassischer Regionalanbieter, die sich später auch auf Zubringerdienste für KLM und Air France nach Amsterdam und Paris spezialisierte. Doch es stellte sich immer mehr heraus, dass Eurowings auf Dauer nicht gegen Lufthansa und ihrer eigene Regionalsparte würde bestehen können. Lufthansa stieg 2001 zunächst mit 24,9 Prozent bei Eurowings ein, mittlerweile gehört das Unternehmen dem Konzern komplett. Aus der früheren Chartersparte Eurowings Flug entstand die Billig-Airline Germanwings. Im Jahr 2010 durchlief die Airline eine schmerzhafte Sanierung: Alle CRJ-200 und CRJ-700 wurden ausgemustert, die Flotte halbiert. AB 2013 wird Eurowings voll in das deutsche Lufhansa-Netz integriert.

Eurowings	
gegründet	1993
Sitz	Düsseldorf
IATA/ICAO-Code	EW/EWG
Mitarbeiter	844
Passagiere	**1,9 Mio.**
Ziele	k.A.
Flotte gesamt	23 CRJ900
Allianz	keine

Die schweizerische Edelweiss Air setzt seit dem Jahr 2000 Airbus A320 ein.

Edelweiße Air

Mit der Gründung von Edelweiße stieg der Schweizer Reisekonzern Kuoni 1995 erstmals direkt ins Ferienfluggeschäft ein. Edelweiße betrieb in den ersten Jahren eine Flotte von MD-82 und stieg später auf Airbus A320 um. Im Jahr 2000 übernahm das Unternehmen seine erste A330, mit der es erstmals auch Langstrecken bedienen konnte. 2008 übernahm die Swiss die Charterfluggesellschaft, ließ sie aber als separate Einheit mit eigenem Management weiterfliegen. Auch die Marke Edelweiße blieb erhalten. Seit 2011 fliegt Edelweiße ein zweites Langstreckenflugzeug, einen Airbus A330-300. Damit werden vor allem mehr Flüge nach Nordamerika angeboten. Das Streckennetz umfasst aber auch zahlreiche Ziele in Asien und Afrika, neben den üblichen Warmwasserdestinationen rund ums Mittelmeer, zu denen die drei A320 eingesetzt werden.

Edelweiss Air	
gegründet	Oktober 1995
Sitz	Zürich
IATA/ICAO-Code	WK/EDW
Mitarbeiter	370
Passagiere	**1,2 Mio.**
Ziele	52
Flotte gesamt	6
1 A330-300, 1 A330-200, , 4 A320	
Allianz	keine

Eine Embraer 195 auf dem Franz-Josef-Strauß-Flughafen in München.

Augsburg Airways

Augsburg Airways hieß ursprünglich einmal Interot Airways und beförderte ab 1980 die Mitarbeiter des Augsburger Papierfabrikanten Haindl zwischen Augsburg und Düsseldorf. Erst später stieg die kleine Airline, die zunächst eine Beech King Air einsetzte, auch ins Liniengeschäft ein. Die Marke Interot gab die Airline 1996 auf und nannte sich seither Augsburg Airways. Bis 2002 machte sie sich als unabhängige Regionalairline vor allem in Süddeutschland einen Namen. Doch dann zwang sie die schlechte wirtschaftliche Lage zu Einschnitten, unter anderem wurde die Basis in Augsburg geschlossen. Es gab auch mehrere Eigentümerwechsel, derzeit gehört das Unternehmen der Aton GmbH. Augsburg fliegt hauptsächlich im Auftrag der Lufthansa, derzeit mit Bombardier Q400 und Embraer 190/195. Basis ist der Flughafen München.

Augsburg Airways	
gegründet	1986
Sitz	Hallbergmoos
IATA/ICAO-Code	IQ/AUB
Mitarbeiter	473
Passagiere	**1,2 Mio.**
Ziele	39
Flotte gesamt	17
5 Embraer 195, 2 Embraer 190, 10 Q400	
Allianz	keine

Germania betreibt sechs Airbus A319.

Germania

Die Germania Fluggesellschaft mbH hat eine ziemlich turbulente und abwechslungsreiche Geschichte hinter sich. Das Unternehmen ging aus der Special Air Transport (SAT) hervor, bei der der Bremer Rechtsanwalt Hinrich Bischoff kurz nach deren Gründung eingestiegen war. Die Marke Germania existiert seit 1986. Das Firmenkonglomerat war nie nur eine Airline, sondern auch ein Leasingunternehmen. Die meisten der Germania-Flugzeuge fliegen bis heute im Auftrag oder sogar in den Farben anderer Airlines. Um an Aufträge zu kommen, bediente sich der 2005 verstorbene Bischoff auch ungewöhnlicher Methoden: Eines Tages stand er beim damaligen Lufthansa-Chef Jürgen Weber und kündigte an, er werde in den Linienverkehr einsteigen. Die Drohung wirkte: Germania flog für einige Jahre im Auftrag der Lufthansa. Später kaufte Bischoff 19 Fokker 100, die einmal US Airways gehörten, und gründete die Billigfluggesellschaft Gexx.

Germania	
gegründet	1979
Sitz	Berlin
IATA/ICAO-Code	ST/GMI
Mitarbeiter	k.A.
Passagiere	**1,1 Mio.**
Ziele	40
Flotte gesamt	15
6 A319, 9 737-700	
Allianz	keine

Contact Air setzt acht Fokker 100 für Swiss und Lufthansa ein.

Contact Air

Die Stuttgarter Regionalfluggesellschaft Contact Air betreibt derzeit acht Fokker 100 für Lufthansa und Swiss, vor allem von Zürich, Stuttgart und Düsseldorf aus. Die Zukunft des Unternehmens ist allerdings ungewiss, denn Lufthansa wird voraussichtlich ab Winter 2012 die sechs Contact Air-Maschinen nicht mehr weiterbeschäftigen. Das Unternehmen wurde 1974 von dem Unternehmer Günter Eheim für den Bedarfs- und Charterverkehr gegründet, später gab es Kooperationen mit DLT und dann Lufthansa Cityline. Contact Air hat mit Fokker lange Erfahrung, denn vor der Fokker 100-Zeit setzte sie auch den Turboprop Fokker 50 ein. Später übernahm sie die ATR-Flotte von Eurowings, die diese nicht mehr wirtschaftlich betreiben konnte. Die letzten ATR musterte sie selbst allerdings Ende 2009 aus und hat seither eine reine Jet-Flotte.

Mitte 2012 deutete sich an, dass OLT Express als neuer Investor bei Contact Air einsteigen würde.

Contact Air	
gegründet	1974
Sitz	Filderstadt
IATA/ICAO-Code	C3/KIS
Mitarbeiter	330
Passagiere	**0,8 Mio.**
Ziele	16
Flotte gesamt	8 Fokker 100
Allianz	keine

Die Q400 der LGW sind ausschließlich für Air Berlin unterwegs – wie hier in Florenz.

Luftfahrtgesellschaft Walter (LGW)

Die Luftfahrtgesellschaft Walter (LGW) besteht seit 1980 und hat ihren Sitz am Flughafen Dortmund. Gegründet hat sie der Fluglehrer Bernd Walter. Neben der Flugschule wurden Rundflüge und Verbindungen zu den deutschen Nordseeinseln ein weiteres Standbein des Unternehmens. LGW wurde ein treuer Nutzer der Dornier 228, die das Unternehmen über viele Jahre auf innerdeutschen Regionalverbindungen einsetzte. Einen großen Sprung in ihrer Entwicklung machte LGW 2007, als sie sich auf eine Zusammenarbeit mit Air Berlin einigte. Seit 2009 fliegt LGW ausschließlich im Auftrag der zweitgrößten deutschen Fluggesellschaft, die auch die Kapazität der Regionalmaschinen unter eigener Flugnummer vermarktet. Die Regionalflotte besteht aus zehn Bombardier Q400, die Air Berlin für LGW gekauft und weitervermietet hat. Auch die Rundflüge und die Flugschule gibt es noch.

LGW	
gegründet	1980
Sitz	Dortmund
IATA/ICAO-Code	HE/LGW
Mitarbeiter	130
Passagiere	**k.A.**
Ziele	k.A.
Flotte gesamt	10 Q400
Allianz	keine

Aus insgesamt sechs Fokker 100 besteht die Flotte von Helvetic Airways.

Helvetic Airways

Mit der Helvetic Airways gibt es in der Schweiz auch seit 2003 eine heimische Billigfluggesellschaft. Helvetic ging damals aus der Odette Airways hervor, die mit einer einzigen MD-83 unterwegs war, die früher der Crossair gehört hatte. Helvetic wuchs kontinuierlich von ihrer Basis in Zürich aus und setzte dabei auf eine Fokker 100-Flotte. Der Unternehmer Martin Ebner übernahm Helvetic im Jahr 2006, nachdem die Airline kurz vor der Pleite stand. Doch auch mit dem neuen Geldgeber im Hintergrund ließ sich das ursprüngliche Konzept nicht mehr aufrechterhalten. 2008 schwenkte Helvetic um und beschränkte sich auf Ferien- und Charterflüge. Drei der derzeit sechs Fokker 100 fliegen seither im Auftrag der Swiss. Die inzwischen wieder angeflogenen Linienziele konkurrieren nicht mit dem Swiss-Flugplan. Damit ist die weitere Existenz des Unternehmens vorerst gesichert.

Helvetic Airways	
gegründet	2003
Sitz	Zürich
IATA/ICAO-Code	2L/OAW
Mitarbeiter	125
Passagiere	**0,5 Mio.**
Ziele	14
Flotte gesamt	6 Fokker 100
Allianz	keine

XL Airways betreibt eine reine 737-800-Flotte.

XL Airways Germany

XL Airways gehörte ursprünglich einem isländischen Investor und flog anfangs unter der Marke Star XL German Airlines. Nach der Insolvenz von XL Airways UK stand auch das Überleben der deutschen Sparte auf der Kippe, doch wie XL Airways France flog das Unternehmen mit neuen Investoren an Bord weiter. XL Airways hat heute auch eine eigene deutsche Lizenz und setzt ihre Maschinen, fünf Boeing 737-800, vor allem für deutsche Reiseveranstalter ein. Auch ad-hoc Charter führt das Unternehmen durch, wenn anderswo Not am Mann ist. Anfang 2012 stieß ein alter Bekannter als Geschäftsführer dazu. Berthold Flick übernahm die Führung der Airline – bis Ende 2011 hatte er als Mitgesellschafter den Aufbau der Air Baltic in Riga vorangetrieben. Das Unternehmen ist mittlerweile in Mörfelden-Walldorf angesiedelt.

XL Airways	
gegründet	Januar 2006
Sitz	Mörfelden Walldorf
IATA/ICAO-Code	-/GXL
Mitarbeiter	160
Passagiere	**0,5 Mio.**
Ziele	20
Flotte gesamt	5 Boeing 737-800
Allianz	keine

Hello betreibt eine reine A320-Flotte.

Hello

Dass es die Schweizer Fluggesellschaft Hello gibt, ist, wie bei einigen anderen, einem nach Beschäftigung suchenden Ex-Airline-Chef zu verdanken. Hinter der Gründung der Hello steckte 2004 unter anderem auch Moritz Suter, der ehemalige Chef der Crossair. Hello nahm damals zunächst mit einer einzigen MD-90 den Flugbetrieb auf und bediente Ziele am Mittelmeer. Als Basis nutzte sie, wie einst die Airline Crossair, den Flughafen Basel/Mulhouse. Im Laufe der Jahre hat die Airline ihr Netz erweitert, allerdings beschränkt sie sich auf die Ferienfliegerrolle. 2010 begann die Fluggesellschaft, die Flotte zu erneuern. Sie übernahm nach und nach vier Airbus A320-200, die mit 174 Sitzen ausgerüstet sind. Die MD-90 waren angesichts hoher Treibstoffpreise nicht mehr wirtschaftlich zu betreiben und wurden ausgemustert.

Hello	
gegründet	Februar 2004
Sitz	Basel
IATA/ICAO-Code	HW/FHE
Mitarbeiter	140
Passagiere	**0,4 Mio.**
Ziele	43
Flotte gesamt	4 A320
Allianz	keine

Die Saab 2000 von Darwin stammen alle ursprünglich von Crossair.

Darwin Airline

Darwin verdankt ihre Existenz der Entscheidung von Swiss International Air Lines, den Flughafen Lugano im Tessin nicht mehr anzufliegen. Damit war Lugano vom Rest der Schweiz luftverkehrstechnisch abgeschnitten. Eine Gruppe lokaler Investoren sah darin eine Chance, eine Marktnische abzudecken. Darwin erhielt im Jahr die Betriebserlaubnis des Schweizer Bundesamtes für Zivilluftfahrt (Bazl) und nahm den Flugbetrieb auf der Strecke von Lugano nach Genf auf. Der Kollaps von Baboo, einer zweiten kleinen Regionalfluggesellschaft, die nach dem Zusammenbruch der Swissair gegründet worden war, erwies sich für Darwin als Chance. Sie übernahm etliche der ehemaligen Baboo-Strecken und auch zwei Maschinen vom Typ Bombardier Q400. Die eigene Flotte bestand bis dahin ausschließlich aus Saab 2000, ein Erbe der Crossair.

Längerfristig muss Darwin nun die Flotte erneuern.

Darwin Airline	
gegründet	2003
Sitz	Lugano
IATA/ICAO-Code	F7/DWT
Mitarbeiter	210
Passagiere	**0,4 Mio.**
Ziele	18
Flotte gesamt	8
2 Q-400, 6 Saab 2000	
Allianz	keine

InterSky ist mit insgesamt drei Dash 8-300 unterwegs.

Intersky

Die Existenz der Intersky ist mehr einem Zufall geschuldet. Ihre Gründerin Renate Moser nebst Ehemann Rolf Seewald hatten 2001 die Regionalfluggesellschaft Rheintalflug an Austrian Airlines verkauft. Allerdings übernahm Austrian nicht die ganze Flotte, eine Bombardier Dash-8 blieb übrig. Und die wollte beschäftigt werden. Intersky flog zunächst vom Flughafen Bern-Belp aus, doch 2005 zog die Airline nach Friedrichshafen um. Nach hohen Anlaufverlusten hatte sie ihr Geschäftskonzept auf Turboprop-Billigflüge umgestellt. Das Konzept ging lange auf, doch 2011 gab Moser bekannt, dass Intersky auf der Suche nach einem neuen Investor war. Gefunden hat sie einen alten Bekannten: Hans-Rudolf Wöhrl, dem auch schon einmal die LTU und DBA gehört haben. Wöhrls Intro Aviation besitzt nun 74,9 Prozent der Intersky, Moser und Seewald halten 25,1 Prozent. Wöhrl will Intersky im deutsch-österreichischen Regionalverkehr einsetzten.

Intersky	
gegründet	2001
Sitz	Bregenz
IATA/ICAO-Code	3L/ISK
Mitarbeiter	100
Passagiere	**186.000**
Ziele	16
Flotte gesamt	3 Dash 8-300
Allianz	keine

OLT EXPRESS setzt unter anderem die Saab 2000 auf ihren Strecken ein.

OLT Express

OLT besteht seit 1958, sie wurde damals als Ostfriesische Lufttaxi – Dekker und Janssen gegründet. Die ursprüngliche Airline flog von Emden auf die ostfriesischen Inseln, sie trennte sich 1974 von der Regionalflugsparte, aus der die heutige Lufthansa Cityline hervorgegangen ist. Der Bäderverkehr blieb immer das Kerngeschäft der kleinen Fluggesellschaft, daneben war sie immer wieder auch in kleinen Regionalmärkten aktiv und vercharterte die Flugzeuge. Für den Airbus-Werksflugverkehr kaufte OLT zwei Fokker 100 und betrieb damit erstmals auch Jets. 2011 verlor die kleine Airline ihren größten Auftrag und kündigte an, sich künftig nur noch auf den winzigen Bäderverkehr zu konzentrieren. 100 der 120 Mitarbeiter hätten ihre Arbeitsplätze verloren. Doch mit dem polnischen Finanzinvestor Amber Gold fand sich ein neuer Eigentümer. Selbst die zwei Fokker 100 fliegen weiter für OLT Express. Die Airline plante zuletzt die Übernahme von Contact Air.

OLT Express	
gegründet	1958
Sitz	Bremen
IATA/ICAO-Code	BKK
Mitarbeiter	160
Passagiere	**168.000**
Ziele	9
Flotte gesamt	6
2 Fokker 100, 3 Saab 2000, 1 Saab 340	
Allianz	keine

Hamburg Airways betreibt ausschließlich Airbus A319 und A320 (Foto).

Hamburg Airways

Hamburg Airways ist streng genommen die jüngste deutsche Fluggesellschaft. Sie wurde erst Anfang 2011 gegründet. Allerdings ist sie praktisch die Nachfolgesellschaft von Hamburg International, und wenn man diese mit einbezieht, dann ist ihre Geschichte schon etwas länger. Hamburg International startete den Flugbetrieb im Jahr 1999 und konzentrierte sich zunächst auf den klassischen Ferienflugverkehr. Doch mit der Zeit spezialisierte sich die Airline darüber hinaus auf Flüge in den Kosovo. Hamburg International betrieb Standorte in Hamburg, Weeze und Friedrichshafen, zum Teil wurden die Maschinen auch im ad-hoc Charter eingesetzt. In den ersten Jahren setzte die Airline auf eine Boeing-Flotte, doch die Maschinen wurden ab 2008 durch Airbus A319 ersetzt. 2010 musste Hamburg International Insolvenz anmelden. Ein Teil der alten Anteilseigner gründete 2011 zusammen mit neuen Investoren Hamburg Airways.

Hamburg Airways	
gegründet	Dezember 2011
Sitz	Hamburg
IATA/ICAO-Code	HK/HAY
Mitarbeiter	155
Passagiere	**0,1 Mio**
Ziele	k.A.
Flotte gesamt	5
3 A319, 2 A320	
Allianz	keine

Air Dolomiti setzt als größtes Flugzeug die Embraer 190 ein.

Air Dolomiti

Der italienische Stahlunternehmer Alcide Leali gründete die Regionfluggesellschaft Air Dolomiti 1989. Ihre erste Basis war die Stadt Triest. In den Anfangsjahren setzte Air Dolomiti Dash 8-300 ein, doch ab 1994 sattelte sie auf ATR um, die italienisch-französischen Turboprops sind noch heute bei Air Dolomiti im Einsatz. 1992 begann die Airline, norditalienische Ziele an den Flughafen München anzubinden. Sie setzte auf sehr guten Bordservice und machte sich damit als qualitativ hochwertige Regionalfluggesellschaft einen Namen auch bei Münchner Wochenendausflüglern, die schnell einmal für ein paar

Tage nach Italien wollten. Damit wurde sie auch für die Lufthansa interessant.

Die deutsche Airline begann damals, ihr zweites Drehkreuz in München aufzubauen und brauchte einen kostengünstigen und qualitätsbewussten Anbieter, der den lukrativen Markt Norditalien anbinden könnte. Bald betrieb Air Dolomiti deswegen sozusagen einen umgekehrten Hub – ein Drehkreuz im Zielgebiet, wenn auch die Unternehmenszentrale in Verona blieb. 1999 stieg Lufthansa konsequenterweise auch als Minderheitsaktionär ein, um sich die Dienste der Regionalairline dauerhaft zu sichern, 2003 übernahm sie nach einem zwischenzeitlichen Börsengang alle Anteile, die Gründer der Leali-Familie waren damit endgültig aus dem Unternehmen verschwunden.

Die Ausrichtung ist seither im Wesentlichen die gleiche geblieben, nur die Flotte hat sich weiterentwickelt. Neben den ATR setzte Air Dolomiti für eine Weile auch Bae 146 ein. Diese wurden aber mittlerweile von Embraer 195 ersetzt. Der langjährige Air Dolomiti-Chef Michael Kraus warb im Konzern dafür, die geplante Lufthansa Italia unter dem Dach seiner Gesellschaft und unter seiner Führung aufzubauen, jedoch entschied sich Lufthansa dafür, das Vorhaben separat durchzuziehen. Im Nachhinein ein Glücksfall für Air Dolomiti – nach Verlusten wurde Lufthansa Italia längst wieder dichtgemacht.

Air Dolomiti	
gegründet	1989
Sitz	Verona
IATA/ICAO-Code	EN/DLA
Mitarbeiter	596
Passagiere	1,66 Mio
Ziele	22
Flotte gesamt	20
11 ATR 72-500, 5 Embraer 195	
Allianz Star Alliance über Lufthansa	
Hubs	München

Ryanair betreibt insgesamt 291 Boeing 737-800.

Ryanair

Wenn man die heutigen Erfolge von Ryanair betrachtet, dann mag man gar nicht glauben, dass es dem Unternehmen am Anfang ziemlich schlecht ging. Tony Ryan hatte die Airline 1985 gegründet und verfolgte in den Anfangsjahren eine ziemlich traditionelle Strategie. Ryanair versuchte, sich auf Strecken zwischen Zielen in Irland und London gegen die etablierte Konkurrenz zu behaupten. Ryanair flog eine kleine Flotte von BAC 1-11 und machte damit jede Menge Verluste. Es war klar, dass das Familienunternehmen auf Dauer nicht würde überleben können. Doch Ryan hatte Ende der 80er-Jahre Michael O'Leary zunächst als Berater ans Unternehmen herangeführt. 1993

übernahm dieser den Chefposten und mit dieser Entscheidung begann der Aufstieg von Ryanair zur derzeit nach Passagieren größten europäischen Fluggesellschaft

Wenn auch O'Leary gerne Southwest bis heute als sein Vorbild ausgibt, so hinkt dieser Vergleich. Southwest war niemals so spartanisch und kompromisslos wie Ryanair. O'Learys Idee aber war es, strikt auf Kosteneffizienz zu setzen, durch die man sich niedrige Preise leisten konnte. Das Konzept ging auf, denn mit den Tarifen von Ryanair konnten die traditionellen Airlines nicht mithalten, ohne sich zu ruinieren.

Ryanair revolutionierte das Geschäft aber nicht nur in Sachen Produkt und Preise. Das Modell beinhaltete riesige Flugzeugbestellungen zu unerreicht günstigen Konditionen. Ryanair konnte die Maschinen bislang nach einigen Jahren weiterverkaufen und konnte, wenn es besonders gut lief, dabei sogar noch einen Gewinn machen. Auch bei den Flughäfen setzte die Airline Preise durch, die den Airports haufenweise Beihilfeverfahren vor der Europäischen Kommission einbrachten.

Dennoch gibt es Anzeichen, dass Ryanair das Geschäftsmodell erweitern muss, wenn das Unternehmen weiter wachsen will. Viele der Klein- und Kleinstflughäfen in der Provinz sind mittlerweile abgedeckt. In Deutschland ist Ryanair seit neuestem in Köln/Bonn präsent – man darf das getrost als Testlauf verstehen. Wenn es klappt, dürfte Ryanair künftig weiter auf größere Märkte drängen. Wenn die Airline weiter wachsen will, muss sie bald neue Flugzeuge bestellen.

Ryanair	
gegründet	Juni 1985
Sitz	Dublin
IATA/ICAO-Code	FR/RYR
Passagiere	**76,4 Mio.**
Flotte gesamt	291 737-800
Allianz	keine

Air France fliegt unter anderem auch mit Boeing 747-400 nach Bangkok.

Air France

Air France formiert gemeinsam mit KLM Royal Dutch Airlines den Konzern Air France-KLM. Die Fusion fand 2004 statt und löste eine Welle ähnlicher Schritte bei den Konkurrenten Lufthansa und British Airways aus. Air France ist eines der Gründungsmitglieder der Skyteam-Allianz. Mit Abstand größte Basis ist der Flughafen Paris-Charles de Gaulle, der in den vergangenen Jahren deutlich ausgebaut worden ist und dem Unternehmen viel Platz zur Expansion gibt.

Doch derzeit ist von Expansion nicht die Rede. Im Jahr 2011 machte die Airline einen Verlust von mehr als 800 Millionen Euro, vor allem der Europaver-

kehr ist stark defizitär. Air France hat es versäumt, die alten Strukturen zu verschlanken und sich auf die Konkurrenz durch Billigfluggesellschaften einzustellen. Unter dem neuen Chef Alexandre de Juniac läuft ein langjähriges Sanierungsprogramm an, das auch von den Mitarbeitern massive Einschnitte verlangt. Für de Juniac ist das auch deshalb ein Balanceakt, weil der französische Staat immer noch eine Minderheitsbeteiligung an dem Unternehmen hält und er deswegen nicht so frei agieren kann, wie das bei einem vollständig privaten Unternehmen der Fall wäre. Derzeit verhandelt Air France über eine Zusammenarbeit mit Etihad Airways.

Die jüngere Vergangenheit des Unternehmens war auch durch zwei schwere Unfälle überschattet. Im Jahr 2000 stürzte eine Concorde kurz nach dem Start in Paris ab, das Unglück war der Anfang vom Ende für das Überschallflugzeug. 2009 verschwand ein Airbus A330-200 auf einem Flug von Rio de Janeiro nach Paris im Südatlantik, 229 Menschen kamen ums Leben.

Air France ist das Ergebnis zahlreicher Fusionen und Übernahmen ihrer Vorläufer. Die Gesellschaft bekam ihren heutigen Namen aber schon im Jahr 1933. In den 90er-Jahren setzte sich die Konsolidierung der französischen Luftverkehrsindustrie fort. Air France integrierte UTA und Air Inter.

Air France	
gegründet	7. Oktober 1933
Sitz	Paris
IATA/ICAO-Code	AF/AFR
Passagiere	**49.8 Mio.**
Flotte gesamt	253
A318, A319, A320, A321, A330-200, A340-300, A380-800, 747-400, 747-400ERF, 777-200ER, 777-300ER, 777F	
Allianz	Skyteam
Hubs	Paris CDG, Paris Orly, Lyon, Nizza

Easyjet

Easyjet ist ähnlich wie Ryanair ein Pionier des Billigflug-Booms, der Mitte der 90er-Jahre Europa erfasste. Damals wurde der Luftverkehr innerhalb der Europäischen Union weiter liberalisiert, europäische Fluggesellschaften durften auch Verbindungen zwischen Ländern innerhalb der Union anbieten, in denen sie nicht ihren Sitz hatten.

Hinter Easyjet steckt der britisch-griechische Unternehmer Stelios Haji-Ioannou. Stelios stammt aus einer griechischen Reeder-Familie und die stellte ihm auch das Startkapital für seine Easyjet zur Verfügung. Stelios pinselte statt eines dezenten Airline-Logos anfangs in knallorange die Telefonnummer der Reservierungszentrale auf die Flugzeuge, denn beim Start 1995 war das Internet noch lange nicht so verbreitet wie heute. Später ersetzte er die Telefonnummer durch die Internetadresse.

Die Rivalität zwischen Easyjet und Ryanair ist legendär, doch tatsächlich sind die beiden Fluggesellschaften in unterschiedlichen Marktsegmenten und mit unterschiedlichen Strategien unterwegs. Easyjet hat viel früher als Ryanair auf die größeren Airports gesetzt und damit auch höhere operative Kosten in Kauf genommen. Auch bei der Flotte und beim Bordprodukt unterscheiden sich die beiden Airlines. Easyjet betreibt seit langem eine kombinierte Flotte von Boeing 737 und Airbus A319. In Deutschland ist Easyjet vor al-

Easyjet	
gegründet	18. Oktober 1995
Sitz	London
IATA/ICAO-Code	U2/EZY
Passagiere	**47,5 Mio.**
Flotte gesamt	183 A319, A320
Allianz	keine

EasyJet betreibt eine reine A320-Flotte.

lem auf dem Flughafen Berlin-Schönefeld, dem neuen Berlin Brandenburg International Airport präsent und hat nicht wenig dazu beigetragen, dass der Tourismus in der Hauptstadt so einen rasanten Aufschwung genommen hat.

Nach dem Börsengang halten Stelios und seine Familie noch 38 Prozent an Easyjet. Doch mit dem Management hat sich der Gründer seit langem überworfen, 2010 zog er sich deswegen sogar aus dem Verwaltungsrat zurück. Stelios argumentiert, dass Easyjet zu stark expandiert und damit ein zu großes Risiko eingeht. Lieber sollten Dividenden gezahlt werden.

Landung einer 747-400 in Los Angeles.

British Airways

Der Name British Airways tauchte 1935 erstmals auf, als mehrere kleinere britische Fluggesellschaften fusionierten. Doch schon vier Jahre später ging die erste BA mit Imperial Airways zusammen und hieß fortan British Overseas Airways Corporation (BOAC). Der Teil des Unternehmens, der für die europäischen Flüge zuständig war, wurde 1946 als British European Airways (BEA) herausgelöst. 1974 wurden die beiden Fluggesellschaften wieder zusammengelegt und heißen seither British Airways. Zehn Jahre später wurde BA als eine der ersten großen europäischen Airlines komplett privatisiert.

In den 90er-Jahren verfolgte British Airways noch die Strategie, sich auch innerhalb Europas auszubreiten. 1992 stieg sie bei der kleinen deutschen Delta Air Transport in Friedrichshafen ein und nutzte die Regionalfluggesellschaft als Plattform für die spätere Deutsche BA. Die DBA hatte ihren Sitz in München. Nach mehreren erfolglosen Strategiewechseln verkaufte BA ihren Ableger 2003 an Hans Rudolf Wöhrl, der sie einige Jahre später an Air Berlin weiterverkaufte.

Gegen die wachsende Konkurrenz der Billigflieger fand BA aber auch im eigenen Heimatmarkt kein Konzept und kapitulierte schließlich. Die Airline zog sich aus vielen europäischen Märkten zurück und konzentrierte sich auf die lukrativeren Langstrecken vom Flughafen London-Heathrow aus. 2003 stellte sie die Flüge mit dem Überschalljet Concorde endgültig ein. Durch die Öffnung des Flughafens Heathrow für alle amerikanischen Fluggesellschaften ist BA aber auch im wichtigen Transatlantikgeschäft immer stärkerer Konkurrenz ausgesetzt.

2009 beschlossen BA und Iberia, sich unter dem Dach der International Airlines Group (IAG) zusammenzuschließen. Es dauerte allerdings bis Anfang 2011, bis die beiden Unternehmen die Fusion formal umsetzen konnten. BA ist Gründungsmitglied der Oneworld-Allianz.

British Airways	
gegründet	1935
Sitz	London
IATA/ICAO-Code	BA/BAW
Passagiere	**34,0 Mio.**
Flotte gesamt	236
A318, A319. A320, A321, 737-400, 747-400, 757-200, 767-300ER, 777-200ER, 777-300ER, 747-8F	
Allianz	Oneworld
Hubs	London-Heathrow, London-Gatwick

Airbus A321 auf dem Heimatflughafen Istanbul Atatürk.

Turkish Airlines

Wenn die Vorstände westeuropäischer Fluggesellschaften auf die Gefahren durch neue Konkurrenten aufmerksam machen wollen, dann weisen sie gerne auf die drei großen Golf-Airlines Emirates, Etihad und Qatar Airways hin. Weniger Beachtung hingegen findet Turkish Airlines, doch das ist ein großer Fehler.

Turkish hat nämlich ebenso ehrgeizige Expansionspläne wie die die Kollegen vom Persischen Golf und sie hat ein paar strategische Vorteile. Mit ihrer Basis in Istanbul kann sich Turkish auf einen deutlich stärkeren Heimatmarkt verlasssen. Istanbul ist geographisch praktisch genauso günstig gelegen wie Abu Dhabi, Dubai oder Doha. Auch von

hat Turkish einen großen Vorteil gegenüber den europäischen Konkurrenten. Schließlich: Der türkische Staat ist mit 49 Prozent an dem Unternehmen beteiligt und verhält sich entsprechend kooperativ.

Der Vorstandschef, der die Vision vorantreibt, heißt Temel Kotil. Der Mann ist rastlos unterwegs, um für seine Idee zu werben. Beim Produkt setzt Kotil zumindest in der Business auf hohe Qualität und das zahlt sich aus. Turkish ist für europäische Reisende vor allem auf Asien-Strecken zu einer echten Alternative geworden. Seit 2008 ist die Airline auch Mitglied der Star Alliance. Einziges Handicap sind derzeit die Kapazitätsengpässe am Atatürk International Airport, die das aggressive Wachstum erschweren. Turkish wird immer wieder als möglicher Investor genannt, wenn europäische Fluglinien neue Geldgeber suchen. Doch bislang hat sie sich nur an B&H Airlines aus Bosnien-Herzegowina beteiligt. Derzeit gibt es allerdings konkrete Verhandlungen über einen Einstieg bei LOT Polish Airlines.

Istanbul aus kann man mit Maschinen wie der Boeing 777-300ER jedes wichtige Ziel der Welt ohne Zwischenstop erreichen. Und für Europastrecken muss Turkish keine Langstreckenflugzeuge einsetzen, sie kann mit kleineren Jets, deren absolute Kosten pro Flug deutlich unter denen der Wide-Bodies liegen, auch dezentrale Märkte bedienen. Das Gleiche gilt für weite Teile des Nahen Ostens. Und auch bei den Personalkosten

Turkish Airlines	
gegründet	Mai 1933
Sitz	Istanbul
IATA/ICAO-Code	TK/THY
Passagiere	**31,6 Mio.**
Flotte gesamt	181
A319, A320, A321, A330-200, A330-300, A340-300, 737-400, 737-700, 737-800, 737-900ER, 777-300ER, A310-300F, A330-200F	
Allianz	Star Alliance
Hubs	Istanbul-Atatürk, Ankara

Die 777-300ER bildet inzwischen das Rückgrat der Langstreckenflotte von KLM.

KLM Royal Dutch Airline

KLM Royal Dutch Airlines kann von sich behaupten, die älteste Fluggesellschaft der Welt zu sein. Sie wurde 1919 gegründet, unter anderem von dem Flugzeugkonstrukteur Anthony Fokker. Maschinen dieses Herstellers sind bis heute bei der Regionalsparte KLM Cityhopper im Einsatz, nämlich Fokker 70 und Fokker 100.

Der Pioniergeist ist dem Unternehmen lange Zeit erhalten geblieben. So war KLM die Fluggesellschaft, die die Idee des Drehkreuzes durchsetzte. Erfunden hatte das Konzept Fred Smith für den Fracht-Hub von Fedex in Memphis/Tennessee. Doch KLM erkannte früh, dass die Strategie auch für das Passagiergeschäft funktionieren sollte.

enge Partnerschaft mit der amerikanischen Northwest Airlines ein, lange bevor dies auch für den Rest der Branche zur Mode wurde. Bei mehreren Flugzeugtypen, unter anderem der Boeing 737-900, gehörte KLM zu den Erstkunden.

Auch bei der Konsolidierung der europäischen Luftverkehrsindustrie war KLM früh mit an Bord. Zunächst scheiterten Verhandlungen mit British Airways, doch 2004 klappte der Zusammenschluss mit Air France, der dem Unternehmen auch langfristig das Überleben sichern sollte. Durch langfristige Verträge wurde auch der Status von Amsterdam als Drehkreuz abgesichert. Gemeinsam mit Air France (und Northwest als Teil von Delta) ist KLM Mitglied der Skyteam-Allianz. Air France-KLM rutschte 2011 tief in die roten Zahlen, doch für die Krise war vor allem der französische Teil des Konzerns verantwortlich. KLM hat in den vergangenen Jahren hingegen stark auf Kostenkontrolle geachtet.

So expandierte die Airline früh mehr, als das der Heimatmarkt in Amsterdam eigentlich hergegeben hätte. Den Konkurrenten in Frankreich, Deutschland und Großbritannien war das Konzept immer ein Dorn im Auge, weil KLM viele Kunden über den Hub in Amsterdam abzog.

KLM war auch eine der ersten Fluggesellschaften, die den Allianz-Gedanken vorangetrieben hat. Sie ging eine

KLM	
gegründet	7. Oktober 1919
Sitz	Amsterdam
IATA/ICAO-Code	KL/KLM
Passagiere	**25,1 Mio.**
Flotte gesamt	114
737-700, 737-800, 737-900, A330-200, A330-300, 747-400, 747-400M, 747-400F, 777-200ER, 777-300ER, MD-11	
Allianz	Skyteam
Hubs	Amsterdam Schiphol

Auf den Kurz- und Mittelstrecken setzt Alitalia Flugzeuge der A320-Familie ein – hier eine A319.

Alitalia

Die Geschichte der alten Alitalia endete im August 2008. Damals stellte das Unternehmen nach langer Agonie den schon lange erwarteten Insolvenzantrag. Vorausgegangen waren praktisch jahrzehntelange Verluste, die Airline überlebte immer wieder nur dank staatlicher Hilfe. 2008 verhandelte das vor dem Zusammenbruch stehende Unternehmen über den Einstieg von Air France-KLM, so wäre die alte Gesellschaft erhalten geblieben. Doch die Verhandlungen um das Überleben der 1946 gegründeten Airline scheiterten nicht zuletzt am Widerstand der starken italienischen Gewerkschaften, die befürchteten, dass ihre Interessen dabei nicht ausreichend gewahrt würden.

Der Neustart wurde von der Regierung orchestriert. Ein Konsortium privater Investoren erklärte sich bereit, Unternehmenswerte der alten Alitalia (ohne die Verbindlichkeiten) zu übernehmen und die neue Alitalia – Compagna Aeria Italiana zu gründen. In dem Unternehmen ging auch der frühere lokale Konkurrent Air One auf. Dieses Mal durfte sich auch Air France-KLM beteiligen und wurde mit 25 Prozent größter Anteilseigner. Alitalia gab das Dreh-

kreuz in Mailand auf und konzentrierte sich vor allem auf Rom als Hauptbasis. Die Flotte wurde deutlich auf unter 150 Maschinen reduziert. Nach hohen Anlaufverlusten verbesserte sich die Lage des Unternehmens zuletzt allmählich, jedoch ist Alitalia von ordentlichen Gewinnen immer noch weit entfernt.

Die Gründer von 2008 dürfen gemäß einer damaligen Vereinbarung nun ihre Anteile verkaufen. Air France-KLM ist zwar der offensichtliche Käufer, jedoch ist das Unternehmen noch auf Jahre hinaus mit der eigenen Sanierung beschäftigt.

Unterdessen hat Alitalia zwei weitere heimische Konkurrenten übernommen. Anfang 2012 kündigte sie an, Wind Jet und Blue Panorama zu integrieren. Der größte verbliebene Konkurrent im Inlandsmarkt ist eine irische Gesellschaft: Ryanair. Aber mit der ist nicht zu spaßen.

Alitalia	
gegründet	1946
Sitz	Rom
IATA/ICAO-Code	AZ/AZA
Passagiere	**25,0 Mio.**
Flotte gesamt	132
A319, A320, A321, A330-200, 767-300ER, 777-200ER, MD-82	
Allianz	Skyteam
Hubs	Rom-Fiumicino

SAS bedient die Kanarischen Inseln – auf dem Foto Lanzarote – auch mit der Boeing 737-700.

SAS Scandinavian Airlines

SAS Scandinavian Airlines wurde 1946 durch den Zusammenschluss einer dänischen, schwedischen und norwegischen Fluggesellschaft gegründet. An der Struktur hat sich bis heute nichts verändert, immer noch halten Dänemark, Schweden und Norwegen zusammen 50 Prozent der Anteile an dem Unternehmen – wie lange noch, ist allerdings eine Frage, die die Branche stark beschäftigt.

Doch unter der Oberfläche hat SAS in den vergangenen Jahren einen starken Wandel vollzogen. Die Airline hatte sich in Jahrzehnten zu einem der führenden europäischen Anbieter hochgearbeitet und war weit über Skandinavien hinaus präsent. Doch spätestens mit dem Auf-

dem Baltikum, wo sie einst an Air Baltic beteiligt war, zog sie sich zurück. SAS will sich künftig vor allem auf den Heimatmarkt konzentrieren und dort ein qualitativ hochwertiges Produkt zu günstigen Preise anbieten – angesichts des allgemeinen Kostenniveaus in der Region ist das allerdings eine große Herausforderung.

Das Streckennetz von SAS ist auf die drei Hauptbasen in Stockholm, Oslo und Kopenhagen konzentriert. Kopenhagen ist dabei das mit Abstand wichtigste Drehkreuz, von dem auch die meisten Langstrecken angeboten werden.

In den nächsten Jahren will SAS die Flotte deutlich verjüngen. Die verbliebenen MD-80 werden bis Ende 2013 ausgemustert. Für die Kurz- und Mittelstrecken hat SAS Maschinen der Airbus A320 NEO-Familie bestellt, die mit neuen Triebwerken deutlich niedrigere operative Kosten verspricht. Viele zweifeln, ob all dies reicht, um SAS als unabhängiges Unternehmen zu erhalten.

kommen der Billigfluggesellschaften und ihrem starken Wachstum seit der Jahrtausendwende war das bisherige Geschäftsmodell von SAS nicht mehr haltbar. Das Unternehmen startet ein Sanierungsprogramm nach dem anderen, entließ Tausende Mitarbeiter und versuchte, die eigene Strategie neu zu definieren. SAS trennte sich von vielen Beteiligungen, unter anderem bei BMI British Midland und Spanair. Auch aus

SAS	
gegründet	August 1946
Sitz	Stockholm
IATA/ICAO-Code	SK/SAS
Passagiere	**22,9 Mio.**
Flotte gesamt	145
A319, A321, A330-300, A340-300, 737-400, 737-500, 737-600, 737-700, 737-800,CRJ200, CRJ900, MD-82, MD-87	
Allianz	Star Alliance
Hubs	Kopenhagen, Oslo, Stockholm

Iberia setzt die A340-300 auch nach Teneriffa auf den Kanaren ein.

IBERIA

Die spanische Fluggesellschaft Iberia wurde 1927 von spanischen Investoren und der Deutschen Luft Hansa gegründet. Bis fast zum Ende des Zweiten Weltkrieges war die Luft Hansa an dem Unternehmen beteiligt, verkaufte dann aber ihre Anteile an die spanische Regierung. Vom Ende des Zweiten Weltkrieges bis 2011 existierte Iberia als eigenständige Fluggesellschaft. Dann schloss sie sich mit British Airways zur International Airlines Group (IAG) zusammen und stellt in der Muttergesellschaft den Chairman. Wie kaum eine andere Fluggesellschaft in Europa muss sich Iberia gegen den Ansturm der Billigfluggesellschaften zur Wehr setzen, denn für diese ist Spanien ein äußerst wichtiger Markt. Vor allem das Europanetz der Iberia macht deswegen große Verluste.

Die Airline beschloss daher die Gründung von Iberia Express, einem Ableger, der den Zubringerverkehr zum Drehkreuz in Madrid durchführen soll. Iberia Express nahm den Betrieb zum Sommerflugplan 2012 auf, und zwar begleitet von heftigen Protesten der Iberia-Piloten, die die Ausgründung einer Gesellschaft verhindern wollten,

deren Besatzungen deutlich weniger verdienen als sie selbst.

Iberias strategische Lage hat sich 2012 allerdings auch dadurch leicht verbessert, dass mit Spanair einer der wichtigsten inländischen Konkurrenten Insolvenz anmelden musste und den Flugbetrieb einstellen musste. Davon profitierte auch der Billig-Ableger Vueling, an dem Iberia mit 45 Prozent beteiligt ist.

Während Iberia im Europaverkehr eine eher untergeordnete Rolle spielt, ist sie der Spezialist schlechthin für das Südamerikageschäft. Keine andere Airline bietet so viele Sitze zu so vielen Zielen in der Region an. Iberia kann am gerade erweiterten Flughafen Barajas in Madrid auch vorläufig praktisch unbegrenzt expandieren – sowohl die Terminals als auch das Start- und Landebahnsystem haben noch jede Menge Reserven.

Iberia	
gegründet	28. Juni 1927
Sitz	Madrid
IATA/ICAO-Code	IB/IBE
Passagiere	**17,3 Mio.**
Flotte gesamt	103
A319, A320, A321, A330-300, A340-300, A340-600	
Allianz	Oneworld
Hubs	Madrid-Barajas

Aeroflot setzt die A319 unter anderem nach Berlin ein.

Aeroflot

Aeroflot war über viele Jahrzehnte und dank staatlich subventionierte Ticketpreise die mit Abstand größte Fluggesellschaft der Welt. Zeitweise betrieb Aeroflot mehr als 10 000 Flugzeuge und bot im ganzen Land ein flächendeckendes Streckennetz. Fliegen für jedermann war Realität, viel mehr noch, als das die heutigen Billigfluggesellschaften im Westen schaffen konnten. Die immensen Verluste trug natürlich der Staat. Ihre zahlreichen lokalen Sparten sind heute noch die Basis vieler russischer Airlines, die unter anderem Namen und Besitzverhältnissen aktiv sind. Der Zusammenbruch der Sowjetunion 1991 war auch für die alte Aeroflot gleichbedeutend mit dem Aus. 1993 startete das heute bekannte Unternehmen neu. Doch der Aufstieg zu einem in der Branche wieder bedeutenden Carrier begann erst nach der Jahrtausendwende, als sich auch die russische Wirtschaft stabilisierte.

Als erste russische Fluggesellschaft trat Aeroflot 2006 einer der globalen Allianzen bei und ist seither bei Skyteam Partner von Air France-KLM, Delta oder Korean. Aeroflots Heimatflughafen ist nach wie vor der wegen seiner Beton-Terminals berüchtigte Airport Scheremetjewo in Moskau. Doch mit der Eröff-

nung des Aeroflot-Terminals hat sich der Standard für die Passagiere deutlich verbessert. Mittlerweile betreibt Aeroflot eine erheblich modernere Flotte. Sie hat die meisten Flugzeuge aus Sowjetzeiten ausgemustert und setzt weitgehend auf westliche Muster. Einzige Ausnahme: Aeroflot ist einer der ersten Kunden für den neuen Suchoi Superjet 100, mit dem die russische Luftfahrtindustrie ihren eigenen Neustart schaffen will.

Die guten Verbindungen von Aeroflot zum russischen Staat sind der Konkurrenz weiterhin ein Dorn im Auge. Die Fluggesellschaft erhält einen großen Teil der Überfluggebühren, die fällig werden, wenn ausländische Airlines den russischen Luftraum durchqueren. Diese beklagen, dies sei eine ungerechtfertigte Quersubventionierung der heimischen Industrie. Es gab zwar Ansätze zu Verhandlungen, die Hilfen abzuschaffen, doch ist noch nichts Konkretes geschehen.

Aeroflot	
gegründet	25. Februar 1932
Sitz	Moskau
IATA/ICAO-Code	SU/AFL
Passagiere	**14,0 Mio.**
Flotte gesamt	117
A319, A320, A321, A330-200, A330-300, 767-300ER, Il 96-300, MD-11F, Superjet 100	
Allianz	Skyteam
Hubs	Moskau-Scheremetjewo

Eine Boeing 737-300 auf dem Flughafen Stockholm Arlanda.

Norwegian Air Shuttle

Gerade erst hat Norwegian die Konkurrenz mit einer Bestellung von über 200 zusätzlichen Flugzeugen geschockt. Mit dem riesigen Auftrag dürfte das Unternehmen, das derzeit rund 60 Maschinen betreibt, wohl bald den skandinavischen Heimatmarkt verlassen und sich auch in anderen Teilen Europas ausbreiten. Norwegian wurde 1993 gegründet und flog zunächst im Auftrag von Braathens. 2002 führte sie auf eigene Rechnung die ersten Billigflüge ein und begann ihr starkes Wachstum. Norwegian hat auch einige Boeign 787 bestellt, mit denen die Airline von 2013 an auch Langstreckenziele bedienen will. Damit wäre Norwegian die erste europäische Billigfluggesellschaft, die sich auf dieses Terrain wagt. Versuche anderer Anbieter wie Air Asia X sind zuletzt allerdings wenig erfolgreich gewesen. Unter anderem wegen der hohen Treibstoffkosten hat etwa Air Asia X ihre Europaflüge wieder eingestellt. Norwegian selbst geriet zuletzt wegen schlechter Quartalszahlen unter Druck, will aber den Wachstumskurs fortsetzen.

Norwegian	
gegründet	22 Januar 1993
Sitz	Fornebu
IATA/ICAO-Code	DY/NAX
Passagiere	**15,7 Mio.**
Flotte gesamt	65 737-300, 737-800
Allianz	keine

TAP betreibt ein reine Airbus-Flotte – auf dem Foto ein Airbus A319.

TAP

Wenn Iberia der Spezialist für den Verkehr zwischen Europa und Südamerika ist, dann ist TAP Portugal der Experte für den Markt zwischen Europa und Brasilien. TAP fliegt in Brasilien elf Ziele an und verteilt die Passagiere über das Drehkreuz in Lissabon nach Europa. Seit 2005 ist TAP Mitglied der Star Alliance, im gleichen Jahr übernahm die staatliche Fluggesellschaft auch die Regional-Airline Portugalia. Wegen der europäischen Finanzhilfen muss die portugiesische Regierung die Fluggesellschaft bis Ende 2012 privatisieren. In den vergangenen Jahren hatte es allerdings mehrfach Versuche gegeben, die allesamt gescheitert sind. Nach einigen wirtschaftlich schwierigen Jahren hat TAP sich mittlerweile mit dem Brasilien-Geschäft eine Nische erarbeitet, in der sie offenbar dauerhaft überleben kann. Auch im Wartungsgeschäft ist das Unternehmen sehr stark präsent, ebenfalls mit Ablegern in Südamerika für das lokale Geschäft. Das Interesse von Investoren hält sich in Grenzen.

TAP	
gegründet	1945
Sitz	Lissabon
IATA/ICAO-Code	TP/TAP
Passagiere	**9,8 Mio.**
Flotte gesamt	55
A319, A320, A321, A330-200, A340-300	
Allianz	Star Alliance
Hubs	Lissabon

Landung eines Airbus A320 auf der Kanalinsel Jersey.

Aer Lingus

Aer Lingus ist in den vergangenen zehn Jahren schon oft totgesagt worden. Aber auch für die irische Fluggesellschaft gilt: Totgesagte leben länger. Zuletzt war der Deutsche Christoph Müller für einen erfolgreichen Strategieschwenk verantwortlich. Er steuerte Aer Lingus wieder ein Stück weg vom Billigflugkonzept, auf das sie sich vorübergehend und aus purer Not eingelassen hatte. Aer Lingus strich unprofitable Langstrecken und erhöhte die Zahl der Umsteigeverbindungen in Dublin. In den vergangenen beiden Jahren gehörte das Unternehmen mit einer Umsatzrendite von rund fünf Prozent zu den profitabelsten Fluggesellschaften Europas. Aer Lingus hat sich explizit gegen den Beitritt zu einer globalen Allianz ausgesprochen. Auf den Langstrecken will sie in den nächsten Jahren ihre Airbus A330-Flotte durch die neuen A350 ersetzen. Diese werden vor allem nach Nordamerika eingesetzt.

Aer Lingus	
gegründet	15. April 1936
Sitz	Dublin
IATA/ICAO-Code	EI/EIN
Passagiere	**9,5 Mio.**
Flotte gesamt	47
A319, A320, A321, A330-200, A330-300	
Allianz	keine
Hubs	Dublin

Die 747-400 ist das größte Flugzeuge in der Flotte von Transaero.

TRANSAERO

Transaero ist eine der erstaunlichsten Geschichten, die die russische Luftfahrt zu bieten hat. Das Unternehmen wurde 1991 gegründet und geht damit als eine der wenigen in Russland nicht auf die alte Aeroflot zurück. Von Beginn an setzte Transaero auf westliche Muster und eine ungewöhnliche Strategie. Die Airline ist vor allem im Urlauberverkehr zwischen Moskau und dem Nahen Osten vertreten und setzt auf den Strecken unter anderem Boeing 747-400 ein. Darüber hinaus fliegt Transaero auch Liniendienste innerhalb Russlands und nach Westeuropa und bietet dabei vor allem in der Business Class einen hohen Servicestandard. Seit 2001 ist Olga Pleschakowa an der Spitze des Unternehmens. 2011 sorgte Transaero für Aufsehen, als die Airline eine Absichtserklärung über den Kauf von vier Airbus A380 abschloss.

Transaero	
gegründet	28. Dezember 1990
Sitz	Moskau
IATA/ICAO-Code	UN/TSO
Passagiere	**8,5 Mio.**
Flotte gesamt	85
737-300, 737-400, 737-500, 737-700, 737-800, 747-300, 747-400, 767-200ER, 767-300ER, 777-200ER, 777-300, Tu-214	
Allianz	keine
Hubs	Moskau-Domodedowo

Die Langstreckenflotte der Finnair besteht inzwischen nur noch aus A330-300 (Foto) und A340-300.

Finnair

Die staatliche finnische Fluggesellschaft schien ihre Nische gefunden zu haben. In den vergangenen Jahren hat sie sich auf die Verbindungen von Europa nach Asien über das bequeme Drehkreuz in Helsinki fokussiert und damit einigen Erfolg gehabt. Doch zuletzt wies sie angesichts hoher Kosten und Treibstoffpreise immer höhere Verluste aus und startete ein einschneidendes Sanierungsprogramm. Unter anderem plant Finnair dabei, die Europaflüge nicht mehr selbst zu betreiben, sondern an einen externen Anbieter auszulagern. Die Regionalsparte hat sie bereits in ein Joint Venture mit der britischen FlyBe eingebracht. Finnair ist eine der ältesten Fluggesellschaften der Welt. Sie wurde 1923 als Aero gegründet und nahm den Flugbetrieb ein Jahr später mit einer Junkers F-13 auf. 1953 nahm sie den Namenszusatz Finnair auf. Die Airline gehört der Oneworld-Allianz an.

Finnair	
gegründet	1. November 1923
Sitz	Helsinki
IATA/ICAO-Code	AY/FIN
Passagiere	**8,0 Mio.**
Flotte gesamt	69
A319, A320, A321, A330-300, A340-300, 757-200, Embraer 170, Embraer 190	
Allianz	Oneworld
Hubs	Helsinki

Start einer S7-Boeing-737-800 auf dem Flughafen Moskau Domodedowo.

S7 Airlines

S7 Airlines ist eine der vielen Fluggesellschaften, die ursprünglich einmal Teil der allmächtigen Aeroflot waren. Nach dem Zusammenbruch des Giganten gründete sich die ehemalige Aeroflot-Sparte von Nowosibirsk als Siberia Airlines 1992 neu. Siberia konzentrierte sich anders als die neue Aeroflot auf den Inlandsverkehr und wurde dort 2003 erstmals Marktführer. 2006 überarbeitete das Unternehmen seinen Markenauftritt komplett und nannte sich fortan S7, nach ihrem IATA-Code. Der Schritt war auch darin begründet, dass S7 längst aus Sibirien herausgewachsen war. Die mit Abstand größte Basis des Unternehmens ist der Moskauer Flughafen Domodedowo. 2010 trat S7 der Oneworld-Allianz bei. Als eine der ersten russischen Fluggesellschaften hat S7 die Flugzeugmuster aus heimischer Produktion ausgemustert. Sie setzt derzeit im Wesentlichen auf eine Airbus-Flotte, Ausnahme sind zwei Boeing 737-800 und zwei 767-300ER.

S7 Airlines	
gegründet	Mai 1992
Sitz	Moskau
IATA/ICAO-Code	S7/SBI
Passagiere	**6,6 Mio.**
Flotte gesamt	38
A310-300, A319, A320, 737-800, 767-300ER	
Allianz	Oneworld
Hubs	Moskau-Domdedowo

Aegean Airlines setzt die A320 auch im Inlandverkehr ein – wie hier nach Heraklion.

Aegean Airlines

Aegean ging aus dem einstigen Business Jet-Betreiber Aegean Aviation hervor und fusionierte später mit Air Greece und Cronus Airlines. Die private Fluggesellschaft wuchs seit etwa 2000 stark und machte der staatliche und stark defizitären Olympic große Konkurrenz. Nach der Pleite der alten Olympic stieg Aegean zur größten griechischen Fluggesellschaft auf. Die Finanzkrise Griechenlands und der Einbruch der Nachfrage im Luftverkehr stürzte aber auch Aegean in eine schwere Krise. 2011 wollte das Unternehmen mit Olympic fusionieren und argumentierte, ein Überleben als Konkurrent sei nicht gewährleistet. Die Europäische Kommission verhinderte die Fusion. Aegean war 2010 der Star Alliance beigetreten und ist vor allem für Lufthansa ein wichtiger Partner, weil er Zubringerflüge zu den Drehkreuzen in Frankfurt und München anbietet. Die Partnerschaft mit Lufthansa existiert bereits seit 2005. Wegen der wirtschaflichen Flaute war Aegean zuletzt gezwungen, Strecken einzustellen und neue vor allem in Osteuropa zu eröffnen.

Aegean Airlines	
gegründet	1987
Sitz	Athen
IATA/ICAO-Code	A3/AEE
Passagiere	**6,5 Mio.**
Flotte gesamt	29
A319, A320, A321	
Allianz	Star Alliance
Hubs	Athen

Die RJ85 wird von Brussels Airlines auf den Kurzstrecken eingesetzt.

Brussels Airlines

Brussels Airlines ist ein Ergebnis der Pleite der früheren belgischen Fluggesellschaft Sabena. Sie basiert auf dem Sabena-Regionalableger Delta Air Transport. Zunächst war die Airline unter der Marke SN Brussels Airlines unterwegs, um an ihren Vorgänger zu erinnern. 2007 fusionierte das Unternehmen mit ihrem Konkurrenten Virgin Express und benannte sich in Brussels Airlines um. Die Airline ist ein Spezialist für das Afrika-Geschäft, auch wegen der kolonialen Vergangenheit Belgiens in der Region. Ein erster Versuch, auch eine lokale Airline zu betreiben, scheiterte. Derzeit bereitet Brussels Airlines zusammen mit lokalen Investoren den Start einer Fluggesellschaft vor, die Inlandsstrecken im Kongo bedienen soll. 2009 stieg Lufthansa als Minderheitsaktionär bei Brussels Airlines ein und hat eine Option, das Unternehmen mehrheitlich zu übernehmen. Zuletzt wies Brussels Airlines allerdings hohe Verluste aus. Bereits vor dem Einstieg der Lufthansa war Brussels der Star Alliance beigetreten.

Brussels Airlines	
gegründet	7. November 2006
Sitz	Brüssel
IATA/ICAO-Code	SN/BEL
Passagiere	**5,7 Mio.**
Flotte gesamt	50
A319, A320, A330-200, A330-300, RJ85, 737-300, 737-400, Q400	
Allianz	Star Alliance
Hubs	Brüssel

Die Embraer 170 ist das kleinste Flugzeug in der Flotte von LOT.

LOT Polish Airlines

Von all den ehemaligen Ostblock-Fluggesellschaften hatte LOT Polish Airlines eigentlich mit die beste Ausgangslage. Polen ist mit mehr als 50 Millionen Einwohnern ein potentiell sehr großer Markt, viel größer jedenfalls als die Tschechische Republik oder Ungarn. Doch LOT ist immer noch in staatlicher Hand und kriselt seit vielen Jahren vor sich hin. Sie kann überleben, weil sie auf die eine oder andere Art staatliche finanzielle Hilfen bekommt. Mehrere Versuche, die Airline zu privatisieren, sind in den vergangenen Jahren gescheitert, auch weil Lufthansa kein Interesse an einem Einstieg zeigte. An LOT war einst bis ihrem Zusammenbruch die schweizerische SAir Group beteiligt, seither liegt der ehemalige Swissair-Anteil bei einem Verwalter und soll bei einer Privatisierung mitverkauft werden. LOT ist Mitglied der Star Alliance. Der neue LOT-Chef Marcin Pirog unternimmt derzeit mit einer neuen Strategie einen Rettungsversuch.

LOT	
gegründet	1. Januar 1929
Sitz	Warschau
IATA/ICAO-Code	LO/LOT
Passagiere	**4,3 Mio.**
Flotte gesamt	40
737-400, 737-500, 767-300ER, Embraer 170, Embraer 175, Embraer 195	
Allianz	Star Alliance
Hubs	Warschau

Neben der A320-Familie setzt Czech Airlines auch die Boeing 737-500 ein.

CSA Czech Airlines

CSA Czech Airlines wurde 1923 gegründet. 1957 war sie eine der ersten Fluggesellschaften, die mit der Tupolew Tu-104 Jets einführte. Heute ist CSA immer noch im Staatsbesitz und hat in den vergangenen Jahren hohe Verluste angehäuft. Mehrere Versuche, das Unternehmen an einen privaten Investor zu verkaufen, scheiterten. Air France war zwischenzeitlich einmal als Minderheitsaktionär an Bord, verkaufte die Anteile aber wieder. Die Zukunft von Czech ist auch deswegen ungewiss, weil die Europäische Kommission künftig resoluter gegen verdeckte oder offensichtliche Staatshilfen vorgehen will. Schon 2011 stellte die Kommission fest, dass sie ernste Zweifel an der Überlebensfähigkeit von CSA habe, wenn diese nicht weiter vom Staat finanziert werde. Czech ist Mitglied der Skyteam-Allianz, hat aber trotz der Zugehörigkeit zu dem Bündniss das frühere Streckennetz deutlich eingedampft und sich auch von den Langstrecken verabschiedet.

CSA Czech Airlines	
gegründet	1923
Sitz	Prag
IATA/ICAO-Code	OK/CSA
Passagiere	**4,3 Mio.**
Flotte gesamt	30
A319, A320, A321, 737-500, ATR 42-500	
Allianz	Skyteam
Hubs	Prag

Die A320 ist das größte Flugzeug von Olympic Air.

Olympic Air

Olympic ist die Nachfolgegesellschaft der fast gleichnamigen Olympic Airways, die jahrzehntelang die griechische Luftfahrt dominierte, allerdings fast ebenso lang hohe Verluste auswies. 2009 war die alte Gesellschaft am Ende, eine Gruppe von Investoren übernahm die Namens- und Streckenrechte und startete einen neuen Versuch. Die neu Olympic ist deutlich kleiner als ihr Vorgänger, sie bietet auch keine Langstrecken an. Ab 2012 soll das Unternehmen dem ursprünglichen Plan zufolge auch erstmals einen Gewinn ausweisen, allerdings ist es angesichts der dramatischen Wirtschaftskrise in Griechenland zweifelhaft, ob dies gelingen kann. 2011 wollte Olympic mit dem lokalen Konkurrenten Aegean fusionieren. Die Pläne scheiterten aber am Widerstand der Europäischen Kommission, die eine Monopolstellung im griechischen Luftverkehrsmarkt befürchtete.

Olympic Air	
gegründet	2009
Sitz	Athen
IATA/ICAO-Code	OA/OAL
Passagiere	**3,3 Mio.**
Flotte gesamt	24
A319, A320, ATR 42, Dash8-100, Q400	
Allianz	keine
Hubs	Athen

Start einer 737-500 in Heraklion.

Air Baltic

Air Baltic liefert eine der spannendsten Geschichten der Nach-Sowjetzeit im früheren Ostblock. Die Fluggesellschaft wurde 1995 mit Hilfe von SAS gegründet und nahm mit einer einzigen Saab 340 den Flugbetrieb auf. Vor allem unter ihrem deutschen Vorstandschef Berthold Flick, der auch am Unternehmen beteiligt war, baute sie Riga zu einem Drehkreuz für die Region auf und wurde weit über den Heimatmarkt hinaus bedeutsam. Doch die beiden Haupteigner, Flicks Investorengruppe und die Regierung, überwarfen sich. Hinzu kamen wirtschaftliche Schwierigkeiten, die die Eigner zu einer Kapitalerhöhung zwangen. Am Ende verkauften Flick und seine Partner ihre Anteile, der Staat übernahm die Airline komplett. Der neue Chef, Martin Gauss, hat ihr ein Sanierungsprogramm verordnet, außerdem muss er möglichst bald die Flotte erneuern. Am Drehkreuz in Riga will er aber festhalten.

Air Baltic	
gegründet	1995
Sitz	Riga
IATA/ICAO-Code	BT/BTI
Passagiere	**3,3 Mio.**
Flotte gesamt	33
737-300, 737-500, 757-200, Q400, Fokker 50	
Allianz	keine
Hubs	Riga

Croatia Airlines bedient mit der Q400 unter anderem Wien.

Croatia Airlines

Croatia Airlines wurde 1989 als Zagal gegründet und flog zunächst mit einer Cessna 402 Fracht im Auftrag von UPS. 1991 nahm sie mit einer von Adria Airways geleasten MD-82 die ersten Passagierflüge zwischen Zagreb und Split auf. Während des Jugoslawienkrieges musste sie den Flugbetrieb zeitweise einstellen. Sie nahm diesen anschließend mit drei Boeing 737, die zuvor bei Lufthansa im Einsatz waren, wieder auf. 1999 begann das Unternehmen, die Boeing-Flotte durch Maschinen der Airbus A320-Serie zu ersetzen. 2004 trat Croatia Airlines der Star Alliance bei. 2009 ersetzte sie ihre ATR-Flotte, die sie bislang auf Regionalstrecken eingesetzt hatte, und führte die Bombardier Dash Q400 ein. Croatia Airlines bedient keine Langstrecken, sondern fliegt ihre Passagiere dafür vor allem zu den Drehkreuzen des Partners Lufthansa in Frankfurt und München. Die Airline befindet sich im Staatsbesitz.

Croatia Airlines	
gegründet	1990
Sitz	Zagreb
IATA/ICAO-Code	OU/CTN
Passagiere	**1,8 Mio.**
Flotte gesamt	13
A319, A320, Q400	
Allianz	Star Alliance
Hubs	Zagreb

Eine 757-300 der Icelandair in Frankfurt.

Icelandair

Icelandair ging 1979 aus der Fusion von zwei isländischen Fluggesellschaften hervor. Darunter war Loftleidir, die sich vor allem bei Studenten als „Hippie Express“ einen Namen gemacht hatte, denn sie bot oft die billigsten Tickets. Die Rolle als günstige Transatlantik-Alternative ist bis heute einer der wichtigsten Aspekte des Geschäftsmodells geblieben. Denn wegen der geographischen Lage Islands zwischen Europa und Nordamerika kann Icelandair in dem Markt bequem Standardrumpfflugzeuge wie die Boeing 757 einsetzen und hat damit gegenüber der Konkurrenz erhebliche Kostenvorteile. Icelandair hat für den gleichen Markt auch drei Boeing 787 bestellt, doch hat sie mittlerweile den Auftrag an Norwegian weitergereicht. Die Entscheidung ist auch auf die wirtschaftlichen Schwierigkeiten der Airline zurückzuführen, in die sie im Zuge der isländischen Finanzkrise geflogen war.

Icelandair	
gegründet	1937
Sitz	Keflavik
IATA/ICAO-Code	FI/ICE
Passagiere	**1,8 Mio.**
Flotte gesamt	24
757-200, 757-200F, 757-200PF, 757-200PCF, 757-300, 767-300ER	
Allianz	keine
Hubs	Keflavik

Delta Air Lines setzt die 757 unter anderem nach Europa ein.

Delta Air Lines

Delta Air Lines ist seit der Fusion mit Northwest Ende 2009 die zweitgrößte Fluggesellschaft der Welt. Das Unternehmen betreibt auch sein Drehkreuz auf dem größten Flughafen der Welt in Atlanta/Georgia und ist aufgrund seiner geographischen Lage mittlerweile sehr international ausgerichtet. Das war nicht immer so. Lange Zeit waren die internationalen Strecken TWA und Pan Am vorbehalten. Doch Delta profitierte 1991 vom Pan Am-Kollaps. Die Airline aus Georgia konnte die Transatlantikstrecken übernehmen und hat auch ein enges Streckennetz in Richtung Südamerika ausgebaut. In Europa tritt Delta mit einer deutlich anderen Strategie als American oder United an. Sie

fliegt nicht nur die großen Drehkreuze ihrer Partner an, sondern ist auch in kleineren Märkten sehr präsent. Ein wichtiger Durchbruch gelang ihr und einigen anderen mit der Öffnung des Flughafens London-Heathrow für alle amerikanischen Carrier.

Die heutige Delta ist entstanden aus der Fusion mit Northwest, in mehrerlei Hinsicht eine passende Konstellation. Northwest und KLM waren schon Partner, lange bevor Air France und KLM im Jahr 2004 fusionierten. Und für Air France und Delta gilt das Gleiche. Die beiden großen Blöcke bilden nun auch die wichtigsten Mitglieder der Skyteam-Allianz. Mit Northwest hat Delta auch auf dem Pazifik den Status erreicht, den sie auf den Transatlantikstrecken schon lange hat. Delta ist dort gemeinsam mit United nun der wichtigste amerikanische Anbieter.

Die Fluggesellschaft wurde 1924 als Huff Daland Dusters gegründet und war zunächst spezialisiert darauf, große Felder per Flugzeug mit Insektiziden zu besprühen. 1929 kamen die Passagierflüge hinzu. Bereits 1928 war sie in Delta Air Service umbenannt worden. Die heutige Delta ist auch das Ergebnis von Fusionen und Übernahmen, unter anderem von Northeast Airlines und Western Airlines. An ihrem Drehkreuz Atlanta bekommen es sie künftig mit der Billig-Airline Southwest zu tun.

Delta Air Lines	
gegründet	1928
Sitz	Atlanta
IATA/ICAO-Code	DL/DAL
Passagiere	**163 Mio.**
Flotte gesamt	752
A319, A320, A330-200, A330-300, 737-700, 737-800, 737-900ER, 757-200, 757-300, 767-300, 767-300ER, 767-400ER, 777-200ER, 777-200LR, 747-400, DC-9-50, MD-88, MD-90	
Allianz	Skyteam
Hubs	Amsterdam, Atlanta, Cincinati, Detroit, Memphis, Minneapolis, New York JFK, Paris CDG, Salt Lake City, Tokia Narita

United Airlines betreibt insgesamt 708 Flugzeuge – die 787 wird die Flotte in Kürze ergänzen.

United Airlines

Der 3. März 2012 war schon wieder so ein wichtiger Tag in der Geschichte von United. An diesem Tag legten United und Continental ihre Reservierungssysteme, ihre Vielfliegerprogramme und ihre Websites zusammen und sorgten somit auch dafür, dass die Marke Continental verschwunden ist. Schon Ende November 2011 hatten die beiden ein gemeinsames Air Operator's Certificate (AOC) bekommen und hatten damit die formal letzte Hürde bei ihrer Fusion genommen. Der Name United ist geblieben und von Continental die Schrift und das Logo, die Weltkugel auf dem Leitwerk. Es ist irgendwie kaum zu glauben, aber wahr, dass die Ursprünge der beiden Airlines vor fast 90 Jahren auch schon sehr eng beieinander lagen. Walter Varney gründete damals sowohl Var-

ney Air Lines, ein Luftpostunternehmen, aus dem später United hervorging, als auch Varney Speed Lines, die spätere Continental. William Boeing gründete 1927 seine Boeing Air Transport und kaufte Varney Air Lines, die United Aircraft and Transport Corporation (UATC) entstand.

1933 wurde UATC aufgespalten und es entstanden United Technologies (die Muttergesellschaft von Pratt & Whitney), Boeing und United Air Lines.

Die Fluggesellschaft wurde zunächst einer der großen Anbieter vor allem im amerikanischen Inlandsmarkt. 1985 kaufte United das Transpazifik-Netz der damals schon schwer angeschlagenen Pan Am und wurde mit einem Schlag auch international zu einem wichtigen Faktor. 1991 kamen noch die Pan Am-Rechte für Strecken von den USA nach London-Heathrow dazu.

Gut ein Jahr nach den Anschlägen vom 11. September 2001 musste United Insolvenz anmelden und konnte die Sanierung erst 2005 abschließen. 2010 nahm die Airline erneut Fusionsverhandlungen mit Continental auf, nachdem diese noch in einer ersten Runde vier Jahre zuvor gescheitert waren. Die zusammengelegte Airline betreibt nun ihre größten Drehkreuze in Chicago, Denver, San Francisco, Houston, Newark, Tokio, Cleveland und Washington. Auf der Langstrecke setzt United auch die Boeing 787 ein.

United Airlines	
gegründet	6. April 1926
Sitz	Chicago
IATA/ICAO-Code	UA/UAL
Passagiere	**141 Mio.**
Flotte gesamt	708
A319, A320, 737-500, 737-700, 737-800, 737-900, 737-900ER, 757-200, 757-300, 767-200ER, 767-300ER, 767-400ER, 777-200, 777-200ER, 747-400	
Allianz	Star Alliance
Hubs	Chicago, Denver, Los Angeles, San Francisco, Washington Dulles

Southwest Airlines

Eigentlich hätte Southwest schon im Jahr 1967 abheben sollen, zumindest wenn es nach den Gründern Rollin King und Herb Kelleher gegangen wäre. Air Southwest hatten die beiden ihre neue Firma genannt, mit der sie innerhalb von Texas günstige Flüge anbieten wollten. Doch sie hatten die Rechnung ohne die Konkurrenz von Braniff, Trans-Texas und Continental gemacht. Den drei etablierten Airlines gelang es, den Start mit Klagen mehr als drei Jahre lang herauszuzögern. Doch am 18. Juni 1971 führte Southwest endlich ihre ersten Flüge durch. Das Streckennetz war zunächst nur ein Dreieck bestehend aus San Antonio, Houston und Dallas – King und Kelleher hatten es einst bei einem feuchtfröhlichen Abend in der Kneipe auf eine Serviette gemalt.

Doch auch noch in den ersten Jahren war das Überleben von Southwest keinesfalls gesichert. Die Airline musste zwischendurch sogar ein Flugzeug verkaufen, um die Gehälter und Rechnungen begleichen zu können. Erst in der zweiten Hälfte der 70er-Jahre entspannte sich die Lage und mit der Deregulierung der amerikanischen Luftverkehrswirtschaft wurden allmählich auch die rechtlichen Voraussetzungen dafür geschaffen, das Southwest-Billigflugkonzept landesweit weitgehend ohne Beschränkungen einzuführen.

Southwest gilt als der Pionier der Billigflieger weltweit. Dabei werden der

Southwest Airlines	
gegründet	15. März 1967
Sitz	Dallas Love Field
IATA/ICAO-Code	WN/SWA
Passagiere	**145 Mio.**
Flotte gesamt	699
717-200, 737-300, 737-500, 737-700	
Allianz	keine
Hubs	keine

Southwest ist weltweit der größte Betreiber der 737 – auf dem Foto ist eine 737-500 abgebildet.

Airline oft Attribute zugerechnet, die sie gar nicht ausmachen. Entgegen dem Mantra, möglichst wenig Komplexität zuzulassen, bietet Southwest seit Jahrzehnten Umsteigeverbindungen an. Die Airline hat zwar vor allem die Boeing 737 im Einsatz, davon aber mehrere Versionen. Zeitweise flog sie auch mit Boeing 727 und seit der Übernahme von AirTran gehören ihr auch 88 Boeing 717, die allerdings wohl in den kommenden Jahren ausgemustert werden sollen. Entgegen der Legende hat Southwest nicht nur eine Airline übernommen. Vor AirTran stieg Southwest auch bei Muse Air, Morris Air und ATA ein. Southwest ist der größte Betreiber der 737 und ist nun auch Erstkunde für die neue 737 MAX, von der die Airline 150 Maschinen bestellt hat.

Start einer 757-200 auf dem Flughafen von Quito.

American Airlines

American Airlines war die Fluggesellschaft, die die aktuelle Welle der Konsolidierung in der amerikanischen Luftfahrtindustrie ausgelöst hat. Die zeitweise größte Airline der Welt übernahm im Jahr 2000 die seit langem siechende Trans World Airways (TWA) und schien der Konkurrenz meilenweit enteilt zu sein. Doch die bittere Realität holte American schnell und dramatisch ein. Die Terroristen des 11. September 2001 nutzten auch zwei ihrer Flugzeuge als Waffen, in der anschließenden Luftfahrtkrise musste American viel von dem abbauen, was das Unternehmen durch den Zukauf von TWA aufgebaut

gescheitert, 2013 soll die Restrukturierung abgeschlossen sein. Und schon wird spekuliert, wer denn American Airlines übernehmen könnte. US Airways und Delta werden als Kandidaten genannt, wohingegen das American-Management darauf besteht, die Airline im Alleingang sanieren zu wollen. Zuletzt deutete viel auf eine Übernahme durch US Airways hin.

American ist heute nicht nur eine der größten Airlines der Welt, sondern auch eine der ältesten. Ihr Vorläufer, American Airways, wurde immerhin schon im Jahr 1930 gegründet. Später war American Pionier bei vielen Geschäftsideen, die die Branche bis heute prägen. Verantwortlich dafür ist vor allem der legendäre American-Chef Bob Crandall. Zu seinen bahnbrechenden Ideen gehörte das erste Vielfliegerprogramm, durch das die Kunden besser an die Airline gebunden werden sollten, und das Computerreservierungssystem Sabre, das die alte manuelle Reservierungstechnik ablöste.

hatte. Auch das Drehkreuz in St. Louis war bald nur noch Geschichte.

In den folgenden zehn Jahren durchliefen praktisch alle großen traditionell ausgerichteten US-Airlines das Chapter 11-Verfahren des amerikanischen Insolvenzrechtes. Nur American versuchte, die eigenen Kosten ohne Insolvenzverfahren in den Griff zu bekommen. Doch zehn Jahre nach 9/11 war der Versuch

American Airlines	
gegründet	13. Mai 1934
Sitz	Ft. Worth
IATA/ICAO-Code	AA/AAL
Passagiere	**85 Mio.**
Flotte gesamt	595
737-800, 757-200, 767-200ER, 767-300ER, 777-200ER, 777-300ER, MD-82, MD-83	
Allianz	Oneworld
Hubs	Dallas/Ft.Worth, New York JFK, Miami, Chicago O'Hare

Eine 757-200 von US Airways vor dem Start in Los Angeles.

US Airways

Die heutige amerikanische Luftfahrtindustrie ist sehr stark das Ergebnis vieler Fusionen und Übernahmen, die im Laufe vieler Jahrzehnte stattgefunden haben. Für kaum eine Fluggesellschaft trifft das so sehr zu wie für US Airways und kaum eine Airline hat eine so turbulente Geschichte hinter sich – in den vergangenen zehn Jahren musste US Airways gleich zweimal Insolvenz anmelden, aber sie fliegt immer noch.

Die Geschichte des Unternehmens geht zurück auf die All American Aviation, die 1939 in Pittsburgh startete. Zunächst transportierte All American nur Post, von 1949 an dann auch Passa-

giere. Ab 1953 nannte sich das Unternehmen Allegheny Airlines, ab 1979 US Air.

Allegheny/US Air sind vor allem auch durch Zukäufe gewachsen. Sie übernahmen Lake Central Airlines, Mohawk Airlines, Pacific Southwest Airlines (PSA), Piedmont Airlines und Teile des Trump Shuttle. Schon lange galt US Airways, wie das Unternehmen seit 1997 heißt, als die schwächste der großen amerikanischen Carrier. Doch die Marke hat überlebt. Nach den zwei Insolvenzverfahren zwischen 2002 und 2004 wurde die alte US Airways 2005 von der deutlich kleineren US Airways des umtriebigen Konzernchefs Doug Parker aus Phoenix/Arizona übernommen. Was einmal klappt, das könnte ja auch noch einmal klappen: 2006 versuchte die neue US Airways, die gerade seit einem Jahr existierte, eine feindliche Übernahme von Delta Air Lines, die sich gerade im Chapter 11-Insolvenzverfahren befand. Doch Delta gelang es, den Angriff zu parieren. In der aktuell anstehenden Sanierung von American Airlines gilt US Airways (neben Delta) als einer der möglichen Fusionspartner für den Fall, dass American nicht mehr alleine weitermachen will.

Die größten Standorte von US Airways sind derzeit Phoenix und Philadelphia. Die Fluggesellschaft ist Mitglied der Star Alliance.

US Airways	
gegründet	1937
Sitz	Tempe/Arizona
IATA/ICAO-Code	US/AWE
Passagiere	**80 Mio.**
Flotte gesamt	339
A319, A320, A321, A330-200, A330-300, 737-300, 737-400, 757-200, 767-200ER, Embraer 190	
Allianz	Star Alliance
Hubs	Charlotte, Philadelphia, Phoenix

Air Canada

Air Canada ist eine der Fluggesellschaften, die bei vielen sofort Assoziationen weckt. Die Airline aus Montreal ist nämlich für einen der spektakulärsten Beinahe-Unfälle der Luftfahrtgeschichte verantwortlich. Spätestens seit der Verfilmung des Geschehens ist die Airline damit im kollektiven Bewusstsein der Luftfahrt-Welt präsent. Dem „Gimli Glider", einer Boeing 767-200, war am 23. Juli 1983 wegen eines Rechenfehlers bei der Treibstoffkalkulation auf dem Weg von Montreal nach Edmonton der Sprit ausgegangen. Doch den beiden Piloten gelang es, die Maschine auf einer geschlossenen Landebahn in Gimli heil auf den Boden zu bringen. Niemand wurde verletzt und die Maschine wurde repariert, sodass sie wieder eingesetzt werden konnte und erst rund 20 Jahre später ausgemustert wurde. Auf ihrem letzten Flug waren die beiden damaligen Piloten als Ehrengäste dabei. Air Canada wurde 1936 gegründet, die damalige Gesellschaft hieß Trans Canada Airlines (TCA). Erst 1965 wurde der heutige Name eingeführt und bis 1988 war das Unternehmen im Staatsbesitz. Die Airline war 1997 eines der Gründungsmitglieder der Star Alliance und ist seitdem auch ein enger Partner der Lufthansa. 2001 übernahm sie die damals insolvente

Air Canada	
gegründet	1. September 1937
Sitz	Montreal
IATA/ICAO-Code	AC/ACA
Passagiere	**33 Mio.**
Flotte gesamt	208
A319, A320, A321, A330-300, 767-300ER, 777-200LR, 777-300ER, Embraer 175, Embraer 190	
Allianz	Star Alliance
Hubs	Toronto, Montreal, Vancouver, Calgary

Air Canada ist regelmäßig mit der 777 zu Gast in Frankfurt.

Canadian Airlines, ihren zu diesem Zeitpunkt einzigen großen Konkurrenten in Kanada.

Doch das Projekt und die sich an die Terroranschläge in New York City vom 11. September 2001 anschließende Luftfahrtkrise brachte Air Canada selbst an den Rand des Kollapses. 2003 musste sie deswegen selbst Chapter 11 beantragen und brauchte ein Jahr für den Umbau. Während des Insolvenzverfahrens gab es zwei Übernahmeangebote für das Unternehmen. Doch nachdem die Gewerkschaften weitere Zugeständnisse gemacht hatten, konnte das Management unter dem damaligen Chef Robert Milton die Pläne abwenden. Seit 2004 ist Air Canada eine Tochtergesellschaft der ACE Aviation Holdings.

Der Airbus A320 ist das Rückgrat der Jetblue-Flotte.

Jetblue Airways

Auf den Boden der Tatsachen zurückgeholt wurde Jetblue Airways im Februar 2007. Es wütete ein Schneesturm über New York und die Fluggesellschaft, die sich zum Ziel gesetzt hatte, sich mehr als alle anderen um ihre Passagiere zu kümmern, versagte kläglich. Stundenlang mussten Fluggäste in den Flugzeugen ausharren, weil die Jets weder starten noch ans Gate zurückkonnten. Der mühsam aufgebaute Ruf war binnen einen Tages schwer angekratzt. Willkommen in der Realität.

Dabei hatte sich Jetblue zuvor wirklich um die Branche verdient gemacht. Der Morris Air-Gründer und ehemalige Southwest-Manager David Neeleman war ab 1998 auf der Suche nach Investoren, die ihm Geld für eine neue Airline geben wollten. Neeleman fand, dass New York-Kennedy deutlich unterversorgt war mit qualitativ hochwertigem

Service auf Inlandsstrecken. Neelemann sammelte fast 130 Millionen Dollar an Startkapital ein. Die Jetblue-Jets hoben erstmals im Jahr 2000 ab.

Zwar orientierte sich Neeleman am bekannten Konzept von Billigfluglinien, doch er führte auch Neuigkeiten ein. Jetblue bietet den Passagieren Live-Fernsehen, viele Konkurrenten mussten nachziehen, denn mit dem Angebot konnte die Airline auf den Inlandsstrecken punkten. Jetblue ist auch bei den Zusatzeinnahmen innovativ: Reihen mit mehr Sitzabstand kosten extra.

Das Desaster vom Februar 2007 stürzte Jetblue auch in eine Führungskrise. Im Mai trat Neeleman als CEO zurück und beschränkte sich auf seine Rolle als Chairman, die er jedoch 2008 abgab. Der Gründer war raus aus dem Geschäft, er gründete später die brasilianische Airline Azul. Bei Jetblue stieg die Lufthansa als Anteilseigner mit 19 Prozent ein und wollte sich damit einen Zubringer in New York zulegen, den sie bis zu diesem Zeitpunkt nicht hatte. Der Zukauf hat sich aber spätestens mit dem Beitritt von Continental zur Star Alliance und der darauf folgenden Fusion mit United erledigt – denn nun ist Newark ein Star-Drehkreuz. Lufthansa wird sich voraussichtlich über eine komplizierte Konstruktion und eine jüngst platzierte Wandelanleihe in den nächsten Jahren bei Jetblue ganz zurückziehen. Was dann passiert, dürfte spannend werden. Denn selbst der Billigflugsektor ist mittlerweile stark konsolidiert, nachdem Southwest den Konkurrenten Airtran aus Atlanta übernommen hat.

Jetblue Airways	
gegründet	Februar 1999
Sitz	Chicago
IATA/ICAO-Code	B6/JBU
Passagiere	**26,4 Mio.**
Flotte gesamt	173
A320, Embraer 190	
Allianz	keine
Hubs	New York JFK

Ein Eskimo schmückt das Leitwerk der Alaska-Airlines-Flotte – im Vordergrund eine 737-700.

Alaska Airlines

Alaska Airlines hat es durch die Randlage mit ihrer Basis in Seattle und dem Spezialgebiet Alaska schwerer und leichter zugleich als die Kollegen an anderen Standorten. Die Konkurrenz ist eher überschaubar, aber das Gleiche gilt auch für den Heimatmarkt. Die Fluggesellschaft mit dem beeindruckenden Logo auf dem Leitwerk hat sich bislang dem Konsolidierungstrend in der Branche entziehen können und sie hat als eine der wenigen Airlines auch noch nie einen Chapter 11-Antrag gestellt. Alaska gehört auch insofern zu den Ausnahmen in der Branche, als sie sich noch keiner der drei globalen Allianzen

angeschlossen hat. Das Unternehmen setzt eher auf bilaterale Abkommen, unter anderem mit British Airways, American und Air France. Alaska wurde 1932 unter dem Namen McGee Airways gegründet und 1944 umbenannt. Neben Seattle sind Portland, Anchorage und Los Angeles die wichtigsten Basen. Mitunter wird Alaska als Übernahmekandidat bezeichnet. Noch ist die Airline unabhängig.

Alaska Airlines	
gegründet	1932
Sitz	Seattle
IATA/ICAO-Code	AS/ASA
Passagiere	**15,5 Mio.**
Flotte gesamt	118
737-400, 737-400C, 737-400F, 737-700, 737-800, 737-900	
Allianz	keine
Hubs	Seattle, Los Angeles Anchorage, Portland

Westjet betreibt eine reine 737-Flotte – auf dem Foto ist eine 737-700 zu sehen.

WestJet

WestJet wurde 1996 gegründet und bediente zunächst, wie ihr Name schon sagt, vor allem Ziele im Westen Kanadas. Nach der Übernahme von Canadian Airlines durch Air Canada wurde Westjet zum einzigen verbliebenen Konkurrenten des Marktführers. Ihre Existenz hat Westjet unter anderem der Tatsache zu verdanken, dass der geniale Billigflug-Pionier David Neeleman bei Southwest Airlines hinausgeflogen war und für eine Weile keinen Airline-Job in den USA annehmen durfte, um nicht seinem früheren Arbeitgeber Konkurrenz zu machen. Neeleman gehörte zu den Köpfen und Investoren hinter Westjet, die Airline basiert auf dem gleichen Konzept, das auch Southwest so erfolgreich gemacht hat. Längst ist Westjet an der Börse und bedient ein Streckennetz in ganz Kanada. Wie Southwest setzt die Airline auf eine möglichst einfache Flotte. Sie nutzt ausschließlich Maschinen des bewährten Typs Boeing 737.

WestJet	
gegründet	1996
Sitz	Calgary
IATA/ICAO-Code	WS/WJA
Passagiere	**16,0 Mio.**
Flotte gesamt	98
737-600, 737-700, 737-800	
Allianz	keine
Hubs	Calgary, Toronto

Eine 767-300 vor der Hotel-Kulisse von Las Vegas.

Hawaiian Airlines

Hawaiian Airlines, ihr Vorläufer wurde 1929 als Inter-Island Airways gegründet, ist strategisch gesehen eine der ungewöhnlichsten Fluggesellschaften in Nordamerika. Sie ist extrem abhängig vom Urlauberverkehr und hat nur einen geringen Anteil Geschäftsreisende an Bord. Sie muss zwischen den hawaiianischen Inseln extreme Kurzstrecken anbieten und setzt dabei auf die robuste, auf der DC-9 basierende Boeing 717. Alle anderen Strecken sind mindestens fünf Flugstunden lang, denn so lange dauert es bis zur amerikanischen Westküste, von wo aus sie die meisten Besucher auf die Trauminseln befördert. Hawaiian ist durch die Insellage von vielen Krisen, die ihre Konkurrenten auf dem Kontinent durchleben müssen, zumindest teilweise geschützt. Die Fluggesellschaft setzt derzeit vor allem auf Expansion in Richtung Asien. Deswegen baut sie ihre Flotte aus und tauscht die Boeing 767 gegen Airbus A330 aus.

Hawaiian	
gegründet	1929
Sitz	Honolulu
IATA/ICAO-Code	HA/HAL
Passagiere	**8,7 Mio.**
Flotte gesamt	39
717-200, 767-300, 767-300ER, A330-200	
Allianz	keine
Hubs	Honolulu

Emirates ist der weltweit größte Betreiber des Airbus A380 und hat insgesamt 90 A380 bestellt.

Emirates Airline

Es ist gekommen, wie so oft. Anfangs, als Emirates 1985 mit einem einzigen Flugzeug unterwegs war, hatte noch niemand die Phantasie, was aus dem Unternehmen einmal werden könnte. Der internationale Luftverkehr war noch viel mehr reguliert, als er es heute ist. Und nur wenige Flugzeuge hatten die Reichweite, die heute bei vielen Modellen Standard ist. Es waren eben die alten Zeiten.

Es gibt wohl nicht ein einzelnes Ereignis, an dem der Aufstieg von Emirates festzumachen ist, aber vielleicht ist auch das gerade das Erfolgsgeheimnis des Unternehmens, das mittlerweile zur größten internationalen Fluggesellschaft der Welt geworden ist. 1985 stellte die in Dubai herrschende Familie al-Makhtoum dem Unternehmen zehn Millionen Dollar als Startkapital zur Verfügung, holte ein zunächst vor allem britisch geprägtes Management und sicherte der neuen Airline vor allem gute Rahmenbedingungen und politische Unterstützung zu. Viele derjenigen, die

damals anfingen, sind heute noch an Bord, und Airline-Chef Tim Clark gilt mittlerweile als einer der großen Visionäre seiner Branche.

Die große Idee von Emirates ist ziemlich einfach, es ist das Drehkreuz in Dubai. Der Flughafen liegt geographisch so günstig zwischen den großen Wachstumsmärkten vor allem in Asien und dem Mittleren Osten und den alten, aber sehr großen Märkten in Europa, dass praktisch jedes Ziel mit jeder anderen Destination mit nur einmal Umsteigen in Dubai verbunden werden kann. Seit es Flugzeuge mit besonders großer Reichweite gibt, wie etwa den Airbus A340-500/600 oder die Boeing 777—200LR/300ER, kann Emirates sogar, von einigen Inseln im Pazifik einmal abgesehen, jeden Punkt auf der Welt erreichen.

Mit ihren gigantischen Flugzeugbestellungen, unter anderem für 90 Airbus A380, lehrt die Airline ihren Konkurrenten in Europa und Asien längst das Fürchten. Seit Emirates zu einem ernstzunehmenden Faktor im Airline-Geschäft geworden ist, erheben vor allem die Europäer den Vorwurf, das Unternehmen erhalte unfaire finanzielle Hilfen des Staates. Emirates bestreitet dies.

Das Geschäftsmodell scheint robust genug zu sein, um Krisen wie die der Banken und Immobilienwirtschaft in Dubai oder regionale Wirtschaftskrisen zu überstehen, ohne das Wachstum aufgeben zu müssen. Doch auch bei Emirates schlagen sich die hohen Ölpreise in den Geschäftsergebnissen negativ nieder.

Emirates	
gegründet	25. Oktober 1985
Sitz	Dubai
IATA/ICAO-Code	EK/UAE
Passagiere	**31,4 Mio.**
Flotte gesamt	168
A330-200, A340-300, A340-500, A380-800, 747-400F, 747-8F, 777-200, 777-200ER, 777-300, 777-300ER	
Allianz	keine
Hubs	Dubai

Eine 777-300ER startet auf dem Flughafen von Kuala Lumpur, Malaysia.

Qatar Airways

Qatar Airways war lange Zeit eine kleine und relativ unbedeutende Fluggesellschaft, die mit einigen Flugzeugen ein paar Ziele in der Region und in Europa anflog. Doch im Jahr 2000 beschloss das nach pro-Kopf-Einkommen reichste Land der Welt, Qatar Airways nach dem Vorbild von Emirates zu einer global agierenden Airline mit einem Interkont-Drehkreuz in Doha auszubauen. Dahinter steckte ebenfalls die Idee, dass Qatar ähnlich wie Dubai seine historisch gewachsene Rolle als Handelsplatz zwischen Europa und Asien modern interpretieren und auf den Luftverkehr anwenden könnte. Die Flugzeugbestellungen sind mittlerweile fast ebenso eindrucksvoll wie die beim größeren Nachbarn im Süden.

Der Visionär hinter Qatar Airways heißt Akbar al Baker. Der Airline-Chef ist nicht nur ein erfolgsbesessener Manager, der sich intern selbst um Details kümmert und darauf achtet, dass Qatar in den einschlägigen Rankings möglichst immer Bestnoten erhält. Al Baker

mischt sich auch stark in die Industriepolitik ein und vertritt mittlerweile die in der Arab Air Carrier Association (AACO) verbündeten Airlines auch im Board der International Air Transport Association (IATA). Er argumentiert offensiv in Sachen Staatshilfen: Die Golf-Airlines stünden erst am Anfang ihrer Entwicklung und seien auf Unterstützung angewiesen, genauso wie europäischen Airlines jahrzehntelange im Staatsbesitz geschützt gewesen seien. Alle müssten die gleichen Rechte in Anspruch nehmen dürfen. Al Baker fordert eine Art Binnenmarkt zwischen Europa und dem Nahen Osten, in dem die Verkehrsrechte freigegeben sind und die Beschränkungen bei den Besitzanteilen wegfallen. Europa ist erwartungsgemäß skeptisch.

Doch auch ohne die Liberalisierung sieht Qatar Airways genügend Chancen für Wachstum, 2012 bekommt die Airline ihre erste Boeing 787. Auch Airbus A350 und A380 hat das Unternehmen bestellt.

Ein echter Standortnachteil ist bislang der Flughafen von Doha gewesen. Der war niemals auf eine so große Airline ausgelegt, immer wieder musste Qatar improvisieren. Doch das Fehlen von Abstellpositionen am Gebäude führt dazu, dass die Passagiere in langen Busfahrten über das Vorfeld gekarrt werden. Damit soll indes bald Schluss sein: Direkt neben dem alten Flughafen entsteht derzeit der New Doha International Airport (NDIA). Der genaue Eröffnungstermin steht noch nicht fest, aber NDIA wird bereits sehnsüchtig erwartet. Dann wird Doha auch ein guter Flughafen für Umsteiger sein.

Qatar Airways	
gegründet	22. November 1993
Sitz	Doha
IATA/ICAO-Code	QT/QTR
Passagiere	**14,5 Mio.**
Flotte gesamt	106
A319-100LR, A320, A321, A330-200, A330-300, A340-600, 777-200LR, 777-300ER, A300-600RF, 777F	
Allianz	keine
Hubs	Doha

Etihad Airways

Etihad ist die jüngste der drei großen Fluggesellschaften vom Persischen Golf. Erst 2003 hat Etihad überhaupt erst den Flugbetrieb aufgenommen. Über Jahrzehnte war das Emirat Abu Dhabi einer der Anteilseigner bei Gulf Air. Doch der Erfolg der im benachbarten Dubai ansässigen Emirates führte nur allzu deutlich vor Augen, was mit einer eigenen Airline möglich sein kann. Abu Dhabi stieg bei Gulf Air aus und konzentrierte sich auf das eigene Projekt.

Etihad ist eine der am schnellsten wachsenden Airlines der Welt. Mittlerweile ist sie grob halb so groß wie Emirates und hat dafür gerade einmal acht Jahre gebraucht. Das große Vorbild aus Dubai ist 27 Jahre alt. Und wenn es auch von außen auf den ersten Blick so aussieht, als würden sich die beiden Carrier stark ähneln, so gibt es doch erhebliche Unterschiede. Das rasante Wachstum von Etihad wird bislang klar

vom Staat finanziert. Etihad muss, allen Beteuerungen zum Trotz, derzeit kein Geld verdienen. Und angesichts der horrenden Anlaufverluste der ersten Jahre und der scheinbar unerschöpflichen Mittel Abu Dhabis stellt sich die Frage, ob Gewinne überhaupt das wichtigste Ziel sind.

Etihad soll Abu Dhabi vor allem auf die Weltkarte bringen, die Airline ist ein wichtiger Imageträger und Förderer der wirtschaftlichen Entwicklung jenseits des allgegenwärtigen Ölgeschäfts.

Strategisch unterscheidet sich Etihad spätestens seit Ende 2011 gravie-

Etihad Airways	
gegründet	Juli 2003
Sitz	Abu Dhabi
IATA/ICAO-Code	EY/ETD
Passagiere	**8,3 Mio.**
Flotte gesamt	66
A319, A320, A330-200, A330-300, A340-500, A340-600, 777-300ER, A300-600RF, A330-200F, 777F MD-11F	
Allianz	keine
Hubs	Abu Dhabi

Ein Airbus A330 auf dem Heimatflughafen in Abu Dhabi.

rend vom Vorbild Emirates. Im Dezember stieg die Airline, die vom Australier James Hogan geführt wird, als größter Einzelaktionär bei Air Berlin ein. Erneut sind große Zweifel angebracht, ob der Schritt sich unter betriebswirtschaftlichen Aspekten lohnen wird. Politisch allerdings ist er nicht zu unterschätzen. Denn wenn es künftig um zusätzliche Verkehrsrechte gibt, die die europäischen Airlines bekanntermaßen den Konkurrenten aus dem Nahen Osten vorenthalten sehen wollen, kann Etihad künftig mit gewisser Berechtigung argumentieren, dass mehr Etihad-Flüge nach Deutschland auch für Air Berlin gut sind.

Anders als Emirates hat Etihad auch Interesse bekundet, Mitglied bei einer der drei globalen Allianzen Star, Oneworld oder Skyteam zu werden. Die Gespräche mit Star Alliance waren 2010 bereits sehr weit gediehen, bevor das Bündnis offenbar vor allem auf Betreiben der Lufthansa einen Rückzieher machte. Einem Beitritt zu Oneworld, bei der Air Berlin Mitglied ist, steht derzeit die enge Kooperation mit Virgin Australia entgegen, die Konkurrent Qantas ein Dorn im Auge ist.

14 verschiedene Flugzeugtypen setzt Saudi Arabian Airlines ein – auf dem Foto ist eine 757-200 abgebildet.

Saudi Arabian Airlines

Saudi war lange Zeit die größte Fluggesellschaft im Mittleren Osten. Sie wurde 1946 als eine Einheit der Regierung gegründet. TWA erhielt den Zuschlag, die Airline im Rahmen eines Management-Vertrages zu führen. Später ging die Leitung aber an ein eigenes Management über. Über viele Jahrzehnte genoss Saudi ein Monopol im Inland und war auch über restriktive bilaterale Luftverkehrsabkommen vor zu viel unangenehmem Wettbewerb geschützt. Trotzdem hat Saudi hohe Verluste eingeflogen, denn sie war zugleich stark politisch beeinflusst und musste darauf bei der Wahl ihrer Strecken und Flugzeuge Rücksicht nehmen. Doch die Zeiten haben sich geändert. Das Monopol auf den Inlandsstrecken wurde in den letzten Jahren vorsichtig, aber stetig gelockert. Es gibt neue Konkurrenten, die versuchen, sich gegen Saudi-Arabian zu etablieren. Auch im internationalen Verkehr lockert das Land die Beschränkungen immer weiter, ausländische Airlines bekommen einen besseren Zugang ins Land. Bei Saudi selbst stehen auch einschneidende Veränderungen an. Die Airline sollte noch im Laufe des Jahres 2012 der Skyteam-Allianz beitreten.

Saudi Arabian Airlines	
gegründet	1946
Sitz	Jeddah
IATA/ICAO-Code	SV/SVA
Passagiere	**17 Mio.**
Flotte gesamt	137
A300-600R, A320, A321, A330-300, 747-300, 747-400, 777-200ER, 777-300ER, Embraer 170, MD-90, A310-300F, 747-200F, 3 747-400F, MD11F	
Allianz	keine
Hubs	Jeddah, Riad, Dammam

Iran Air ist einer der letzten Betreiber der 747SP.

Iran Air

Wie bei kaum einer anderen Fluggesellschaft ist der tägliche Betrieb von Iran Air beeinträchtigt durch die politischen Rahmenbedingungen. Bis in die 70er-Jahre hinein war die Airline ein florierendes, profitables und stark wachsendes Unternehmen. Doch dies änderte sich mit der Revolution im Jahr 1979. Das amerikanische Handelsembargo sorgt dafür, dass Iran Air nur mühsam ihre Flotte erneuern kann. Auch Ersatzteile sind schwer zu bekommen. Wegen eines Treibstoffembargos musste Iran Air zuletzt Tankstopps auf dem Weg in die Europäische Union einlegen, denn hier wurden ihre Maschinen nicht aufgetankt. Eine Weile führte Iran Air ihre Flüge daher über Belgrad, zuletzt über Kiew. Vorläufer Iranian Airways wurde 1946 gegründet. 1962 fusionierte Iranian mit Persian Air Services zur neuen Iran National Airlines Corporation. 1965 übernahm Iran Air ihre ersten Jets vom Typ Boeing 707 und 727. In den 70er-Jahren führte sie die Boeing 747 ein, unter anderem auch die 747SP, die bis heute wegen des Handelsembargos im Einsatz ist.

Iran Air	
gegründet	1962
Sitz	Teheran
IATA/ICAO-Code	IR/IRA
Passagiere	**6,6 Mio.**
Flotte gesamt 49 A300B2, A300B4, A300B4F, A300-600R, A310-300, A320, 727-200, 747-100, 747-200, 747-200C, 747SP, 13 Fokker 100	
Allianz	keine
Hubs	Teheran-Mehrabad Teheran-Iman Khomeini

Gulf Air setzt den Airbus A320 auf Kurz- und Mittelstrecken hauptsächlich im Nahen Osten ein.

Gulf Air

Es gab Zeiten – und die sind noch gar nicht so lange her, da war Gulf Air die Fluggesellschaft vom Persischen Golf. Ihre Maschinen waren schon über Jahrzehnte ein gewohnter Anblick auf den Flughäfen in Europa, dem Nahen Osten und in Asien, da war manch eine neue Airline noch nicht einmal in Planung. Gulf Air war ein Gemeinschaftsprojekt von Bahrain, Abu Dhabi, Katar und Oman, die darauf verzichteten, eigene Airlines zu gründen. Das machte das Geschäftsmodell kompliziert, denn die kleine Flotte musste auf drei Flughäfen verteilt werden. Das Projekt war am Ende, als Abu Dhabi beschloss, auf Etihad zu setzen. Eine Weile noch blieb Oman an Bord. Heute ist Gulf Air schlicht die nationale Airline Bahrains und sie tut sich schwer angesichts ihrer über die Jahre gewuchterten Strukturen und Kosten und ihrer veränderten Rolle. Gerade wieder diskutiert das Parlament über die Zukunft des Unternehmens.

Gulf Air	
gegründet	1950
Sitz	Manama
IATA/ICAO-Code	GF/GFA
Passagiere	**6,0 Mio.**
Flotte gesamt	35
A319, A320, A330-200, A340-300, Embraer 170LR, Embraer 190	
Allianz	keine
Hubs	Manama

Air Arabia betreibt eine reine A320-Flotte – insgesamt 27 Flugzeuge.

Air Arabia

Der Boom des Luftverkehrs im Nahen Osten umfasst nicht nur die klassischen Airlines und die neuen Interkont-Drehkreuze, die in Dubai, Abu Dhabi und Doha entstanden, sondern auch den Billigflug-Sektor, der bis dahin in der Region überhaupt noch nicht präsent war. Air Arabia hat seine Basis auf dem vergleichsweise unbedeutenden Flughafen von Scharjah, der aber aber nahe genug an Dubai ist, um ein größeres Einzugsgebiet zu haben. Als eine der wenigen Airlines der Region ist Air Arabia börsennotiert. Doch Scharjah alleine reichte dem Management mit Adel Ali an der Spitze in Sachen Wachstumsperspektiven nicht aus und so gründete die Airline Tochtergesellschaften in Marokko, Ägypten und Jordanien. Die Airline musste vor allem 2011 schwere Zeiten überstehen, weil die Revolutionen in Nordafrika den Luftverkehr teilweise stark einbrechen ließen. Air Arabia war mit dem reinen Mittelstreckennetz besonders betroffen. Doch nun hofft Air Arabia auf die Chancen, die das neue Umfeld bieten

Air Arabia	
gegründet	3. Februar 2003
Sitz	Sharjah
IATA/ICAO-Code	G9/ABY
Passagiere	**4,7 Mio.**
Flotte gesamt	27 A320
Allianz	keine
Hubs	Sharjah, Cassablanca

Start einer 737-800 in Eilat am Roten Meer.

El Al

El Al wurde 1948 als staatliche Fluggesellschaft Israels gegründet. Wegen der besonders gefährdeten politischen Lage ihres Heimatlandes operiert El Al unter besonders schwierigen Bedingungen. Die Sicherheitsvorkehrungen sind so hoch wie bei keiner anderen Fluggesellschaft. Sky Marshals an Bord sind Standard. Doch wenn El Al auch einen sicheren Flugbetrieb organisieren kann, so sind die wirtschaftlichen Folgen doch enorm. Denn die eingehenden Kontrollen der Passagiere sind ein großer Wettbewerbsnachteil, ein Drehkreuz an der Basis in Tel Aviv ist praktisch undenkbar. El Al wurde 2004 trotz allem privatisiert, der größte Anteilseigner ist Knafaim Holdings, der Staat ist weiterhin mit 13 Prozent beteiligt, die Mitarbeiter halten acht Prozent. 2010 versuchte El Al, eine Allianz kleinerer Fluggesellschaften vor allem aus Osteuropa und Zentralasien zu gründen, doch die Idee ist mittlerweile wieder vom Tisch. El Al betreibt eine reine Boeing-Flotte.

El Al	
gegründet	1948
Sitz	Tel Aviv
IATA/ICAO-Code	LY/ELY
Passagiere	**4,2 Mio.**
Flotte gesamt	254
2 737-700, 12 737-800, 1 747-200F, 6 747-400, 1 747-400F, 5 757-200, 4 767-200ER, 6 767-300ER, 6 777-200ER	
Allianz	keine
Hubs	Tel Aviv

Die Boeing 737-800 wird im Nahen Osten und zu Zielen auf dem indischen Subkontinent eingesetzt.

Oman Air

Oman Air ist eigentlich erst wahrnehmbar auf der Airline-Bühne aufgetaucht, als die Zeit der alten Gulf Air zu Ende ging. Doch nachdem Abu Dhabi als Anteilseigner bei dem Gemeinschaftsunternehmen ausgestiegen war, hielt Oman noch eine Weile an den alten Strukturen fest. Oman Air war deswegen spät dran im Wettbewerb. Es war klar, dass die Airline längst nicht mehr mit den großen Drei in der Region (Emirates, Etihad und Qatar Airways) würde mithalten können.

Der ehemalige Oman Air-Chef Peter Hill überzeugte die Regierung daher davon, eine Nischenstrategie zu fahren. Oman Air sollte sich mit einem luxuriösem Produkt ihren Platz in der Branche erfliegen. Die Airline bestellte neue Flugzeuge, die neu eingeführte First und Business Class gehören zu den besten Produkten in der Branche überhaupt. Doch von der Gewinnzone ist Oman Air noch ein ganzes Stück entfernt. Dem Staat geht es ohnehin in erster Linie um die wirtschaftliche Entwicklung des Landes.

Oman Air	
gegründet	1993
Sitz	Maskat
IATA/ICAO-Code	WY/OAS/OAM
Passagiere	**3,8 Mio.**
Flotte gesamt	26
Embraer 175, ATR 42-500, 737-700, 737-800, A330-200, A330-300	
Allianz	keine
Hubs	Maskat

Ein Airbus A320 auf dem Heimatflughafen Amman.

Royal Jordanian

Am ihrem großen Tag ließ Royal Jordanian die Ehrengäste auf eine Aussichtsterrasse bringen, von der aus man das Tote Meer überblicken konnte. Sie ließ Champagner servieren und veranlasste einen ihrer Airbus A300 ein waghalsiges Manöver zu fliegen: Die Maschine rauschte in niedriger Höhe über den Veranstaltungsort und ließ sich so lange am Abhang absinken, bis die Gäste sie von oben betrachten konnten.

Der Anlass war aus Sicht von Royal Jordanian entsprechend wichtig, denn die Airline war gerade der Oneworld-Allianz beigetreten. Sie war damit die erste Fluggesellschaft im Nahen Osten, die Mitglied einer der drei globalen Allianzen wurde. Der Schritt hat ihr dabei geholfen, das eigene Streckennetz besser an das ihrer Partner anzubinden, wegen der Folgen des arabischen Frühlings musste Royal Jordanian zuletzt die Kapazität stark reduzieren.

Royal Jordanian	
gegründet	1963
Sitz	Amman
IATA/ICAO-Code	RJ/RJA
Passagiere	**3,0 Mio.**
Flotte gesamt	36
A310-300, A310-300F, A319, A320, A321, A330-200, A340-200, Embraer 175, Embraer 195	
Allianz	Oneworld
Hubs	Amman

Ein Airbus A321 der Middle East Airlines auf dem Flughafen von Beirut.

MEA Middle East Airlines

Middle East Airlines nahm den Flugbetrieb 1946 zwischen Beirut und Zypern auf. 1949 übernahm Pan Am das Management, 1955 stieg die British Overseas Airways Corporation ein, die sich auch mit 49 Prozent an dem Unternehmen beteiligte. MEA fusionierte 1963 mit Air Liban, wodurch Air France zwischenzeitlich einen 30 Prozent-Anteil an dem Unternehmen hielt. Wegen der Krisen und Kriege im Libanon musste der Flugbetrieb oft ausgesetzt werden, doch das Unternehmen existierte trotz allem weiter. MEA befindet sich mittlerweile im Besitz der Zentralbank des Libanon. Eine Phase relativer politischer Stabilität im Libanon macht sich auch bei der Entwicklung von MEA bemerkbar, mit dem Wachstum anderer Airlines in der Region kann sie aber nicht mithalten. Die Fluggesellschaft vereinbarte im Jahr 2011 den Beitritt zur Skyteam-Allianz und kann dadurch an die Verbindungen mit Air France anknüpfen. MEA soll noch im Laufe des Jahres 2012 Mitglied in dem Bündnis werden.

MEA Middle East Airlines	
gegründet	1945
Sitz	Beirut
IATA/ICAO-Code	ME/MEA
Passagiere	**k.A.**
Flotte gesamt 15	
A320, A321, A330-200	
Allianz	keine
Hubs	Beirut

China Southern bedient alle wichtigen Städte in China – hier eine 737-500 in Guillin.

China Southern

China Southern gehört zu den großen chinesischen Fluggesellschaften, die 1988 von der Civil Aviation Administration of China (CAAC) ausgegründet worden sind. Die Fluggesellschaft mit Sitz in Kanton öffnete sich schnell für westliche Kontakte, gründete das Wartungsunternehmen GAMECO, vergrößerte in rasantem Tempo die Flotte und legte 1997 ihren ersten erfolgreichen Börsengang hin, und zwar in Hongkong und New York. Im Jahr 2000 beschloss die CAAC, dass die bislang von ihr selbst verwalteten Fluggesellschaften unter das Dach von China Southern, China Eastern und Air China integriert werden sollen. Damit wurde die Entwicklung hin zu drei großen Airlines im Land zementiert. China

Southern übernahm Zhongyuan Airlines, China Northern und China Xinjiang Airlines, später übernahm sie Anteile an Xiamen Airlines, Chongqing Airlines und Sichuan Airlines. Neben Kanton ist Peking das zweite große Drehkreuz von China Southern.

Die vergleichsweise offene Unternehmenskultur hat dazu geführt, dass China Southern bei vielen Trends die Nase vorne hat. So war sie 2004 die erste chinesische Fluggesellschaft, die einer der drei globalen Allianzen beitrat. Damals wurde sie Partner von Delta und Air France-KLM im Skyteam-Bündnis, dem sie bis heute treu geblieben ist. 2011 übernahm China Southern ihren ersten Airbus A380 und wurde damit ebenfalls zum ersten chinesischen Anbieter, der das größte Passagierflugzeug der Welt betreibt.

China Southern profitierte in ihrer Entwicklung aber auch von der geographischen Lage ihrer Basis. Kanton befindet sich am Perlflussdelta und ist quasi die Werkbank der Welt. Die Region hat in den vergangenen 20 Jahren eine enorme wirtschaftliche Entwicklung durchlaufen und Millionen Zuwanderer angezogen. In Südchina konkurriert China Southern vor allem mit Cathay Pacific und der zur Air China-Gruppe gehörenden Shenzhen Airlines. Wenn der Flughafen Hongkong eine dritte Startbahn bekommt, wird die Konkurrenz noch härter.

China Southern	
gegründet	1. Juli 1988
Sitz	Guangzhou
IATA/ICAO-Code	CZ/CSN
Passagiere	**80 Mio.**
Flotte gesamt	360
A380-800, 747-400F, A340-300, A330-200, A330-300, A321, A320, A319, 737-300, 737-700, 737-800, 757-200, 777-200ER, 777-200, 777F, ERJ 145, Embraer 190	
Allianz	Skyteam
Hubs	Guangzhou Baiyun, Beijing, Urumqi

China Eastern

China Eastern wurde 1988 von der Civil Aviation Administration of China (CAAC) ausgegliedert und wurde zu einem eigenständigen Unternehmen. Ihre bisherige Geschichte war, vor allem in den vergangenen zehn Jahre, äußerst turbulent. Zunächst übernahm sie nach einem Regierungsbeschluss mehrere kleinere Carrier, darunter China General Aviation, Great Wall Airlines, China Yunnan Airlines und China Northwest Airlines. 2006 versuchte Singapore Airlines gemeinsam mit der Staatsholding Temasek, einen Minderheitsanteil an China Eastern zu kaufen, um einen chinesischen Partner zu bekommen. Damals war China Eastern zu 61 Prozent in Staatshand, der Rest gehörte privaten Investoren. Cathay Pacific konterte den Versuch mit einem höheren Gegenangebot, zog sich dann aber wieder zurück. Die Muttergesellschaft von Air China,

China Eastern	
gegründet	25. Juni 1988
Sitz	Schanghai
IATA/ICAO-Code	MU/CES
Passagiere	**53,9 Mio.**
Flotte gesamt	289
A300-600R, A340-300, A340-600, A330-200, A330-300, A321, A320, A319, 737-300, 737-700, 737-800, CRJ200, ERJ 145	
Allianz	Skyteam
Hubs	Schanghai, Kunming, Xian

China National Aviation Corporation, versuchte, den Einstieg von SIA und Temasek auf die gleiche Art und Weise zu verhindern und hatte letztlich Erfolg.

Stattdessen durfte die zwischenzeitlich wirtschaftlich angeschlagene und bei Passagieren nur mäßig beleumundete China Eastern den lokalen Konkurrenten Shanghai Airlines schlucken. Da-

Start eines Airbus A320 von China Eastern in Peking.

mit war zumindest eines ihrer Hauptprobleme gelöst, nämlich der hohe Marktanteil der Konkurrenten an ihrer Heimatbasis in Schanghai. Shanghai Airlines fliegt derzeit noch als separates Unternehmen unter ihrer eigenen Marke, gehört aber fest zum China Eastern-Konzern.Die langen Kämpfe um Einfluss und Lagerzugehörigkeit haben auch die Entscheidung über den Beitritt zu einer der globalen Allianzen verzögert, letztlich machten sich alle drei Gruppen Hoffnungen darauf, die Airline mit Sitz an Chinas wichtigstem Wirtschaftszentrum für sich zu gewinnen. Am Ende machte Skyteam das Rennen und hat nun mit China Southern und China Eastern zwei der drei großen chinesischen Airlines integriert.

Air China

Air China wurde 1988 von der Civil Aviation Administration of China (CAAC) in die formale unternehmerische Unabhängigkeit entlassen. Sie bekam zunächst die Verantwortung für den internationalen Luftverkehr von und nach China zugewiesen. Deswegen erhielt sie eine Flotte von Boeing 747, 767 und 707, mit der sie ihr internationales Netz betreiben sollte. Ähnlich wie China Southern und China Eastern profitierte Air China von der Entscheidung der CAAC, die chinesische Luftverkehrsindustrie als drei große Blöcke zu konsolidieren. Deswegen übernahm die Airline mit Sitz in Peking und den besonders guten Verbindungen zur Zentralregierung China Southwest, die 1988 ebenfalls zunächst als eine von sechs Airlines aus der CAAC hervorgegangen war. 2004 ging Air China in Hongkong und London an die Börse, zwei Jahre später auch in Shanghai. Im gleichen Jahr beschloss das Unternehmen, Mitglied der Star Alliance zu werden und trat dem Bündnis im Jahr 2007 bei. Bei dieser Entscheidung zahlte sich das jahrzehntelange Lobbying der Lufthansa aus, die mit Air China seit langem das Wartungs-Joint Venture Ameco in Peking betreibt. Air Chinas größte Basis ist der riesige internationale Flughafen von Peking und das wei-

Air China	
gegründet	1. Juli 1988
Sitz	Beijing
IATA/ICAO-Code	CA/CCA
Passagiere	**48,5 Mio.**
Flotte gesamt	290
A319, A320, A321, A330-200, A330-300, A340-300, 737-300, 737-700, 737-800, 747-400, 747-400F, 757-200, 767-300, 777-200, 777-300ER	
Allianz	Star Alliance
Hubs	Beijing, Chendgu, Shanghai Pudong

Air China betreibt insgesamt 290 Flugzeuge - auf der Langstrecke auch Airbus A340-300.

tere Wachstum dürfte auch in Zukunft kaum behindert sein, schließlich ist der Neubau eines weiteren und noch deutlich größeren Airports nahe der chinesischen Hauptstadt bereits beschlossene Sache. Doch Air China beschränkt sich nicht nur auf den Markt Peking. 2009 erhöhte sie ihren Anteil an Air Macau von gut 50 auf rund 80 Prozent. Im gleichen Jahr übernahm sie 29,99 Prozent an der Hongkonger Fluggesellschaft Cathay Pacific und sicherte sich damit zumindest indirekt Zugang zum Markt sowie langfristig weitere strategische Optionen. Seit 2010 ist Shenzhen Airlines vollständig bei Air China integriert, wird allerdings die eigene Marke behalten. Über Air China Cargo ist der Konzern auch im Frachtgeschäft einer der größten Anbieter.

Qantas setzt ihre A380 hauptsächlich nach London, Singapur und Los Angeles ein.

Qantas Airways

Qantas ist nach KLM Royal Dutch Airlines die älteste Fluggesellschaft der Welt und noch nie ist ein Qantas-Passagier bei einem Unfall ums Leben gekommen. Die Airline wurde als Queensland and Northern Territories Aerial Services im Jahr 1920 gegründet und ist längst eine australische Ikone. In ihren Anfängen flog Qantas zunächst nur Luftpost und führte später den ersten Flug der berühmten Flying Doctors durch. 1934 gründeten Qantas und die britische Imperial Airways Qantas Empire Airways (QEA). Unter dieser Marke flog die Airline bis 1967, dann kehrte sie wieder zum ursprünglichen Namen zurück.

Vor dem Zweiten Weltkrieg setzte Qantas Flugboote ein und wurde damit

zu einem der Pioniere im Langstreckenverkehr. Nach dem Krieg setzte sie ihre Tradition zunächst mit Lockheed Super Constellation und später mit Boeing 707 fort. Ihre wichtigste Strecke war die berühmte Kangaroo Route von London nach Sydney, zunächst mit zahlreichen Zwischenstops in Asien. 1979 war Qantas die einzige Fluggesellschaft weltweit, deren Flotte nur aus Boeing 747 bestand. Mittlerweile muss Qantas nur noch einen Stopp auf dem Weg einbauen, meistens ist dies Singapur.

Doch die weltweiten wirtschaftlichen Veränderungen haben auch Auswirkungen auf Qantas. Emirates, Qatar Airways und Etihad sind zu neuen Konkurrenten auf der Kangaroo Route geworden, sie können mit günstigeren Kosten und niedrigeren Preisen Kunden über ihre Drehkreuze abziehen. Auch in Asien sind zahlreiche neue Fluggesellschaften entstanden oder aufgrund des allgemeinen Wirtschaftswachstums zu ernsteren Rivalen geworden. Qantas am äußersten Ende der Langstrecken hat strategisch die schlechteren Karten. Deswegen will der Konzern nun vor allem nach Asien und innerhalb Asiens expandieren. Jetstar Asia ist eines der Projekte.

Die Gründung einer hochqualitativen Airline gemeinsam mit Malaysia Airlines ist allerdings vorerst gescheitert. Im Jahr 2010 verhandelte Qantas kurzzeitig ebenso mit British Airways über eine Fusion, erteilte dem einstigen Anteilseigner allerdings nach kurzer Zeit eine Absage.

Qantas	
gegründet	16. November 1920
Sitz	Botany Bay, Sydney
IATA/ICAO-Code	QF/QFA
Passagiere	**47,1 Mio.**
Flotte gesamt	143
737-400, 737-800, 767-300ER, 747-400, 747-400ER, A330-200, A330-300, A380-800	
Allianz	Oneworld
Hubs	Sydney, Melbourne

All Nippon Airways

Was die Aufmerksamkeit in der Branche angeht, so war wohl 2011 für All Nippon Airways (ANA) der Höhepunkt. Die japanische Fluggesellschaft erhielt im November die erste Boeing 787. Zwar lieferte Boeing die Maschine mit fast vier Jahren Verspätung aus, aber das hinderte ANA nicht daran, sich vor allem in Japan als Pionier feiern zu lassen. Aber auch innerhalb der Branche hat All Nippon damit eine Rolle übernommen, die ihr noch zehn Jahre vorher kaum einer zugetraut hätte.

Die Airline hat eine erstaunliche Wandlung hinter sich. Lange Zeit gab es in Japan drei Fluggesellschaften – Japan Airlines, Japan Air System und All Nippon. Von den drei Anbietern war aber nur JAL auf internationalen Strecken präsent. ANAs Terrain war der äußerst aufkommensstarke Inlandsverkehr. Sie war neben JAL die einzige Fluggesellschaft, die die Boeing 747 in der Domestic-Version flog, mit fast 600 Sitzen, lange bevor Airbus überhaupt daran dachte, so etwas wie die A380 zu entwickeln. All Nippon kam mit dem Rest der Airline-Welt lange Zeit kaum in Berührung, entsprechend war die Unternehmenskultur internationalen Einflüssen kaum ausgesetzt, lange Zeit fand sich kaum ein Manager, der gut englisch sprach.

Die langsame Transformation begann mit der Öffnung des internationalen Marktes. ANA begann in den 90er-Jahren, eine nennenswerte inter-

All Nippon Airways	
gegründet	27. Dezember 1952
Sitz	Tokio
IATA/ICAO-Code	NH/ANA
Passagiere	**41,9 Mio.**
Flotte gesamt	145
A320, 737-700ER, 737-800,767-300, 767-300ER, 777-200, 777-200ER, 777-300, 777-300ER, 787-8, 747-400D,	
Allianz	Star Alliance
Hubs	Tokio Narita, Osaka Kansai

ANA hatte im Oktober 2011 als erste Fluggesellschaft der Welt die 787 erhalten.

nationale Operation aufzubauen. Im Jahr 1999 wurde die Airline Mitglied der Star Alliance und vollzog damit den nächsten Entwicklungsschritt. Und die Gewichte zwischen den beiden japanischen Carriern (JAL hatte Japan Air System geschluckt) begannen, sich zu verschieben. Finanzielle Schwierigkeiten zwangen JAL dazu, sich von vielen Strecken zurückzuziehen. Und ANA konnte oft in die Lücke springen.

Irgendwann traute sich ANA auch zu, (gemeinsam mit JAL) in die Rolle des Erstkunden für ein neues Flugzeugmuster zu schlüpfen. Die zahlreichen Verspätungen der 787 haben es der Airline massiv erschwert, die Flotte schnell zu erneuern und vor allem das China-Geschäft auszubauen, für das viele der Maschinen gedacht waren. Auch die Frequenzen nach Europa konnte ANA nicht so schnell wie geplant hochfahren. Im Januar 2012 führte die Airline dann schließlich den ersten Langstreckenflug einer 787 von Tokio-Haneda nach Frankfurt durch.

Die A320 bilden auch in der mittelfristigen Planung das Rückgrat der Air Asia-Flotte.

Air Asia

Die Geschichte von Air Asia erinnert zumindest in ihren Anfängen stark an die von Ryanair. 1996 startete die Fluggesellschaft mit ihren ersten Linienflügen, doch zeigte sich bald, dass das Konzept nicht aufgehen würde. Nach hohen Verlusten kaufte der ehemalige Musikmanager Tony Fernandes das Unternehmen für einen Ringgit und modelte Strategie und Streckennetz komplett um. So ähnlich war das bei Ryanair und Michael O'Leary, erst als der einstieg, fand das Unternehmen zu großem Erfolg.

Damit enden aber die Gemeinsamkeiten, zu unterschiedlich sind die Bedingungen und Märkte. Air Asia startete 2001 neu und setzte erstmals auf ein Billigflugkonzept, praktisch als erste Airline in Asien. Die Basis war Kuala Lumpur und von dort aus machte sie vor allem der staatlichen Malaysia Airlines harte Konkurrenz. Doch Air Asia wollte sich nicht auf Malaysia beschränken. In Thailand gründete sie gemeinsam mit lokalen Partnern Thai Air Asia, außerdem Indonesia Air Asia. Auch in Japan wird das Unternehmen künftig präsent sein. Gemeinsam mit All Nippon Airways startet die Airline die neue Air Asia Japan. Das Land ist bislang einer der wenigen der

Air Asia	
gegründet	1993
Sitz	Kuala Lumpur
IATA/ICAO-Code	AK/AXM
Passagiere	**29,9 Mio.**
Flotte gesamt	58
A320	
Allianz	keine
Hubs	Kuala Lumpur International

entwickelten Luftverkehrsmärkte, in dem Billigfluggesellschaften noch eine untergeordnete Rolle spielen.

Doch nicht alles, was Fernandes anpackt, wird zum Erfolg. Der Ableger Air Asia X war einst angetreten, um zu beweisen, dass die Billigflüge auch auf der Langstrecke möglich sind. Doch mittlerweile hat Air Asia X angesichts hoher Treibstoffkosten das vielfältige Angebot eingedampft und unter anderem die Flüge nach Europa gestrichen. Die Airline soll sich künftig auf Mittelstrecken beschränken. Den Expansionsplänen von Air Asia selbst tut dies aber keinen Abbruch. Im vergangenen Jahr bestellte die rührige Fluggesellschaft 200 Airbus A320NEOs.

angfristig wird Air Asia die A320 durch die A320NEO mit neuen Triebwerken ersetzen.

Japan Airlines setzt auch auf den Inlandstrecken 777 und 767 ein.

Japan Airlines

Japan Airlines hat die gegenteilige Entwicklung von All Nippon Airways genommen, ihres wichtigsten verbliebenen Rivalen im japanischen Luftverkehrsmarkt. Die einstige Staatslinie hat ihren Status als Japans größter internationaler Anbieter verloren und dies liegt vor allem an den wirtschaftlichen Schwierigkeiten der vergangenen Jahre. JAL musste Gläubigerschutz beantragen und das Streckennetz drastisch zurechtstutzen. Die Airline sorgte auch für eines der größten Branchendramen der vergangenen Jahre. Die Oneworld-Allianz

JAL doch noch vom Verbleib zu überzeugen. Zwar investierte keines der anderen Mitglieder als Anteilseigner, jedoch brachten sie mehrere Joint Ventures, unter anderem mit American Airlines für die Transpazifikstrecken, auf den Weg. Die australische Qantas versprach, beim Aufbau eines JAL-Billigablegers zu helfen. Die Sanierung hat mittlerweile ebenfalls Wirkung gezeigt. Die wirtschaftlichen Resultate des Unternehmens sind verbessert und nun plant JAL sogar wieder einen Börsengang.

Japan Airlines wurde 1951 gegründet und 1987 vollständig privatisiert. 2002 übernahm sie die Inlandsgesellschaft Japan Air System (JAS). Sie brauchte Jahre, um die Folgen der Fusion zu verarbeiten, allerdings konnte sie durch den Schritt auch einen Konkurrenten beseitigen. Seit 2011 kann JAL auch vom ehemaligen Inlandsflughafen Haneda in Tokio Langstrecken anbieten, vor allem für Geschäftsreisende eine Alternative zum vor der Stadt liegenden Airport Narita.

setzte alles daran, JAL im eigenen Lager behalten, sah sich jedoch mit dem aggressiven Werben der Skyteam-Mitglieder Delta und Air France-KLM um JAL konfrontiert, schließlich hatte Skyteam bis dahin kein eigenes Mitglied in Japan. Tatsächlich sah es eine Weile so aus, als würde JAL die Seiten wechseln und Oneworld düpieren. Am Ende gelang es dann der Allianz mit vereinten Kräften,

Japan Airlines	
gegründet	1. August 1951
Sitz	Shinagawa
IATA/ICAO-Code	JL/JAL
Passagiere	**24,4 Mio.**
Flotte gesamt	119
737-800, 767-200F, 767-300, 767-300ER, 777-200, 777-200ER, 777-300, 777-300ER, 787-8, MD-90-30	
Allianz	Oneworld
Hubs	Tokio Haneda, Tokio Narita, Osaka Kansai, Chubu Centrair

Korean Air hat ihre erste A380 im März 2012 in Betrieb genommen.

Korean Air

Korean Air hat eine erstaunliche Metamorphose hinter sich. Bis in die späten 90er-Jahre galt die koreanische Fluggesellschaft international kaum als satisfaktionsfähig. Sie hatte einfach zu viele Unfälle, die auf organisatorische Schwächen zurückzuführen waren. Doch wenn man die Korean Air von heute mit der von vor zehn Jahren vergleicht, dann ist das Unternehmen kaum wiederzuerkennen. Die Fluggesellschaft hat seit 1999 keinen Unfall mehr gehabt und sie kann von einem der modernsten Drehkreuze Asien, dem Flughafen Seoul-Incheon, aus operieren. Korean Air ist zudem Mitglied der Skyteam-Allianz und darf für sich in Anspruch nehmen, für das Bündnis der Vorreiter schlechthin in der Region gewesen zu sein. Mittlerweile sind auch noch China Southern und China Eastern hinzugekommen. Im Jahr 2011 hat Korean Air ihren ersten Airbus A380 übernommen. Seit 2012 wird die Maschine auch auf der Strecke von Seoul nach Frankfurt eingesetzt.

Beim Bordprodukt gehört Korean Air mittlerweile ebenfalls zum gehobenen Standard. Die Business Class, vor allem auf der A380, ist im internationalen Spitzenfeld angesiedelt.

Das 1962 als Korean Air Lines gegründete Unternehmen unterscheidet sich von anderen Fluggesellschaften strategisch gravierend. Wegen der Nähe zu China ist Fracht ein sehr bedeutendes Standbein des Konzerns, zeitweise war Korean sogar die größte Frachtfluggesellschaft der Welt. Darüber hinaus gehört zur Gruppe auch die Korean Air Aerospace Division. Die Sparte baut in Lizenz Kampfflugzeuge und Hubschrauber. Außerdem liefert sie Bauteile für zahlreiche zivile Programme.

Korean Air	
gegründet	1962
Sitz	Seoul
IATA/ICAO-Code	KE/KAL
Passagiere	**22,8 Mio.**
Flotte gesamt	142
A300-600R, A330-200, A330-300, A380, 737-800, 737-900, 737-900ER, 747-400, 747-400F, 747-8F, 777-200ER, 777-300, 777-300ER, 777F	
Allianz	SkyTeam
Hubs	Seoul Incheon

Cathay Pacific betreibt als größtes Langstreckenflugzeug die Boeing 747-400.

Cathay Pacific

Cathay Pacific durfte über Jahrzehnte diejenige Airline gewesen sein, deren Heimatflughafen am schwersten anzufliegen war. Um auf dem alten Kai Tak-Airport in Hongkong zu landen, mussten die Maschinen knapp über die Stadt einschweben und dann noch kurz vor der Landebahn eine scharfe Rechtskurve drehen. Die Piloten anderer Fluggesellschaften brauchten eine besondere Einweisung in das Verfahren, für die Cathay-Besatzungen war das Verfahren eine Routineangelegenheit. Das Ende der 90er-Jahre war für Cathay Pacific eine Zeit einschneidender Veränderungen. 1997 ging der Besitz der ehemaligen Kronkolonie Großbritanniens an China über. Ein Jahr später wurde der neue Flughafen Chek Lap Kok auf einer künstlich aufgeschütteten Insel eröffnet.

Für Cathay war beides im Rückblick vorteilhaft. Der größere Flughafen ermöglichte der Fluggesellschaft, stärker zu expandieren, den auf Kai Tak gab es nur eine Start- und Landebahn. Und wenn es auch einige Jahre gedauert hat, so hat Cathay mittlerweile immer-

hin einen unvergleichlich besseren Zugang zum chinesischen Markt. Gelungen ist dies durch zwei Schritte. 2006 durfte Cathay endlich die zweite große in Hongkong angesiedelte Airline, Dragonair, übernehmen. Anders als Cathay verfügte Dragonair über ein großes Inlandsstreckennetz in China. Auch nach der Übernahme blieb die Marke wegen ihrer großen Bekanntheit in China erhalten.

Der zweite wichtige Schritt für Cathay Pacific war die Überkreuz-Beteiligung mit Air China. Damit konnte Cathay ihre Stellung innerhalb der chinesischen Luftverkehrsindustrie weiter festigen. International ist Cathay Pacific als Gründungsmitglied in die Oneworld-Allianz eingebunden.

Cathay Pacific	
gegründet	24. September 1946
Sitz	Hongkong
IATA/ICAO-Code	CX/CPA
Passagiere	**20,3 Mio.**
Flotte gesamt	136
A330-300, A340-300, 747-400, 747-400F, 747-400BCF, 747-400ERF, 777-200, 777-300, 777-300ER, 777F	
Allianz	Oneworld
Hubs	Hongkong

Hainan Airlines setzt die A330-200 regelmäßig von Beijing nach Berlin ein.

Hainan Airlines

Hainan Airlines ist die größte private Fluggesellschaft Chinas. Das Unternehmen hat seinen Sitz in Haikou auf der Insel Hainan. Die Airline wurde 1989 als Hainan Province Airlines gegründet und später umbenannt. Die ersten Linienflüge fanden 1993 statt. Im Jahr 2000 wurde die HNA Group als neue Holding gegründet, die auch andere Aktivitäten jenseits der Luftverkehrsbranche verfolgt. Zur Holding gehören unter anderem auch Beteiligungen an Beijing Capital Airlines, Tianjin Airlines, Yangtze River Express, Hongkong Airlines und Hongkong Express Airways. HNA wird immer wieder als möglicher Investor genannt, wenn europäische Fluggesellschaften zum Verkauf stehen. Der Konzern verhandelte auch über einen Einstieg bei Air Berlin. Mit der deutschen Fluggesellschaft verbindet Hainan weiterhin ein Code-Sharing-Abkommen. Sie gilt als künftiger 747-8-Käufer.

Hainan Airlines	
gegründet	Oktober 1989
Sitz	Haikou, Hainan
IATA/ICAO-Code	HU/CHH
Passagiere	**20,3 Mio.**
Flotte gesamt	113
A330-200, A330-300, A340-600, 737-300, 737-400, 737-700, 737-800, 767-300ER, Dornier 328	
Allianz	keine
Hubs	Beijing, Haikou

JetStar betreibt insgesamt 63 Airbus-Flugzeuge – die Langstrecken werden mit der A330-200 bedient.

Jetstar

Jetstar Airways ist eine Tochtergesellschaft der australischen Ikone Qantas. In den Jahren nach 2000 erkannte Qantas, dass sie einige ihrer dezentralen Langstrecken nicht mehr profitabel betreiben konnte. Auch im Inland drohte mit Virgin Blue und später Tiger Airways und anderen neuer Wettbewerb durch Billiganbieter. Der heutige Qantas-Chef Alan Joyce wurde erster Vorstandschef von Jetstar. Das Unternehmen betreibt derzeit eine Flotte von Airbus A320 und A330. Die Entwicklung des Unternehmens ist stark beeinträchtigt worden durch die mehrjährigen Lieferverzögerungen der Boeing 787. Ursprünglich sollte Jetstar schnell auf das neue Boeing-Modell umsteigen, um über günstige Betriebskosten rasant zu expandieren. Mittlerweile hat Qantas mehrere weitere Tochtergesellschaften in Vietnam, Japan und Singapur gegründet, die ebenfalls die Market Jetstar verwenden. Dadurch will Qantas am Wachstum in Asien teilhaben.

Jetstar Airways	
gegründet	2003
Sitz	Melbourne
IATA/ICAO-Code	JQ/JST
Passagiere	**18,8 Mio.**
Flotte gesamt	63
A320, A321, A330-200	
Allianz	keine
Hubs	Melbourne

Virgin Australia fliegt mit der 777-300ER auch nach Fidschi.

Virgin Australia

Virgin Australia startete im Jahr 2000 unter dem Namen Virgin Blue als reine Billigfluggesellschaft, doch von diesem Konzept ist schon lange nicht mehr viel übrig. Ein Jahr nach ihrem Start ging mit Ansett Australia einer ihrer beiden großen Konkurrenten Pleite, ungeahnte Wachstumsmöglichkeiten taten sich auf. Mit dem Wachstum änderte sich die Strategie. Virgin Australia übernahm immer mehr Elemente einer klassischen Fluggesellschaft, um es mit Qantas aufnehmen zu können. Für die Strecken nach Perth führte sie Airbus A330 ein. Auf der anfangs verlustreichen Langstrecke setzt sie auf Boeing 777-300ER. Mittlerweile hat Virgin Australia zahlreiche Abkommen mit anderen Airlines, unter anderem mit Delta, Singapore Airlines und Etihad Airways. Air New Zealand ist am Unternehmen mit 19 Prozent beteiligt. Einer Allianz gehört Virgin Australia nicht an. Zuletzt stieg Etihad als Anteilseigner ein.

Virgin Australia	
gegründet	2000
Sitz	Brisbane
IATA/ICAO-Code	DJ
Passagiere	**18,6 Mio.**
Flotte gesamt	91
Embraer 190, 737-700, 737-800, 777-300ER, A330-200	
Allianz	keine
Hubs	Brisbane, Sydney

Die 737-800 werden unter anderem auch nach Kuala Lumpur eingesetzt.

Shenzhen Airlines

Shenzhen Airlines gehört mittlerweile zur Air China-Gruppe, die jahrelang nur als Minderheitsaktionär an dem Unternehmen beteiligt war. Die Fluggesellschaft mit Sitz in der südchinesischen Industriemetropole musste aber aufgrund wirtschaftlicher Schwierigkeiten und Management-Querelen ihre Unabhängigkeit aufgeben. Lufthansa Cargo und Shenzhen Airlines waren gemeinsam mit einer KfW-Tochter Gründer von Jade Cargo Airlines, haben sich aber später in Sachen Strategie und Finanzen überworfen. Lufthansa Cargo plante, bis Ende 2012 aus dem Joint Venture auszusteigen. Shenzhen Airlines wurde Mitte 2011 als Kandidat für den Beitritt zur Star Alliance angekündigt. Die Airline wird voraussichtlich bis Ende 2012 Mitglied des größten Bündnisses werden. Sie wird dabei vor allem eine Verstärkung des innerchinesischen Star-Netzes sein und die Präsenz im Süden des Landes deutlich verbessern.

Shenzhen Airlines	
gegründet	November 1992
Sitz	Shenzhen
IATA/ICAO-Code	ZH/CSZ
Passagiere	**18,3 Mio.**
Flotte gesamt	110
A319, A320, 737-300, 737-700, 737-800, 737-900	
Allianz	Star Alliance
Hubs	Shenzhen

Eine Boeing 747-400 kurz vor der Landung in Phuket.

Thai Airways

Die heutige Thai Airways hat ihre Existenz zumindest zum Teil ihrem heutigen Allianzpartner SAS zu verdanken.1960 gründete die skandinavische Fluggesellschaft mit der damaligen Inlandslinie Thai Airways Company ein Gemeinschaftsunternehmen, das die internationalen Strecken aus Thailand bedienen sollte. SAS stellte zunächst das Management, sollte aber möglichst schnell viele lokale Manager einarbeiten. Nach 17 Jahren kaufte die Regierung den Anteil der SAS und machte Thai zu einem komplett staatlichen Unternehmen.

1988 fusionierte der internationale Flügel von Thai mit der Inlandsgesell-

schaft. Die neue Airline hieß fortan Thai Airways International. 1991 legte das Unternehmen den bis dahin größten Börsengang in der Geschichte Thailands hin.

Thai fand 1997 wieder zusammen mit ihrem Gründungshelfer SAS. Beide Fluggesellschaft waren unter den ersten Mitgliedern der Star Alliance. Auch mit Lufthansa verbindet Thai seither eine enge Kooperation. Vor allem die vergangenen fünf Jahre waren für das Unternehmen sehr turbulent. 2006 eröffnete der neue Flughafen Suvarnabhumi in Bangkok, der den schwer in die Jahre gekommenen Don Muang Airport ablöste. Damit verfügte Thai wieder über eine Heimatbasis, die es in Sachen Passagierkomfort mit den benachbarten Hubs in Kuala Lumpur und Singapur aufnehmen konnte. Die politischen Unruhen, die sich auch in Bangkok ausgebreitet haben, machten Thai Airways indes große Probleme. 2008 machte die Fluggesellschaft erstmals einen Verlust, ist seither aber wieder in die Gewinnzone zurückgekehrt.

Wie Nachbar Singapore Airlines hat auch Thai Airways den Airbus A380 bestellt. Von den sechs Maschinen sollen die ersten drei im Jahr 2012 ausgeliefert werden, der Rest ein Jahr später.

Eines der ersten Ziele für die A380 dürfte der Flughafen Frankfurt sein, das Drehkreuz des Star-Alliance-Partners Lufthansa.

Thai Airways	
gegründet	1960
Sitz	Bangkok
IATA/ICAO-Code	TG/THA
Passagiere	**17,7 Mio.**
Flotte gesamt	98
A300-600R, A330-300, A340-500, A340-600, ATR 72, 737-400, 777-200, 777-200ER, 777-300, 777-300ER, 777F	
Allianz	Star Alliance
Hubs	Bangkok

Singapore Airlines

Singapore Airlines ist eine der Nachfolgegesellschaften der ehemaligen Malaysia-Singapore Airlines, die bis 1972 existierte. Die andere Airline, die aus MSA hervorgegangen ist, heißt heute Malaysian Airlines. Singapore Airlines durfte nach dem politischen Zerwürfnis die Strecken aus Singapur heraus behalten. Zunächst gehörten der Flotte nur Boeing 707 und 737 ein, doch SIA entwickelte sich immer mehr zu einem Langstreckenanbieter und flog bald die McDonnell Douglas DC-10 und die Boeing 747. SIAs Entscheidung, einen Auftrag für den DC-10-Nachfolger MD-11 zu stornieren, bedeutete einen enormen Rückschlag für die Maschine, von dem sich McDonnell Douglas nie mehr richtig erholte.

Singapore Airlines setzte ursprüng-

Singapore Airlines	
gegründet	1. Mai 1947
Sitz	Singapur
IATA/ICAO-Code	SQ/SIA
Passagiere	**16,9 Mio**
Flotte gesamt	103
A330-300, A340-500, A380-800, 777-200, 777-200ER, 777-300, 777-300ER	
Allianz	Star Alliance
Hubs	Singapur

Singapore Airlines hat als erste Fluggesellschaft den Airbus A380 eingesetzt.

lich auf ein Billigkonzept, ohne dass dies damals so genannt wurde. Erst später änderte das Unternehmen seine Strategie und konzentrierte sich mehr und mehr auf das Premium-Segment. SIA war zumindest in Asien ein Vorreiter des Hub-Konzeptes und ist dabei bis heute ein wichtiger Knoten im Verkehr zwischen Europa und Australien. Das Unternehmen bestellte als erste den Airbus A380 und bekam 2007 auch die erste Maschine.

Allerdings sind die Zeiten für das Star Alliance-Mitglied härter geworden. In vielen wichtigen Märkten machen ihr mittlerweile die Golf-Airlines, allen voran Emirates, Konkurrenz, unter anderem auf der Kangaroo Route. Die Fluggesellschaft sieht sich auch mit einer immer größeren Zahl von Billig-Airlines konfrontiert, die in Singapur selbst stationiert sind oder den Stadtstaat von anderen Destinationen aus bedienen. SIA reagiert darauf mit der Gründung eines Billigablegers, der zunächst Mittelstrecken mit einer Flotte von Boeing 777-200 bedienen soll. Kritiker bemängeln allerdings, dass dieser Schritt zu spät kommt. Im Australien-Geschäft hat sich SIA mit Virgin Australia zusammengetan, um effektiver mit Qantas konkurrieren zu können.

Garuda Indonesia mit 737-800 in Singapur.

Garuda

Garudas aktueller Geschäftsplan trägt den Namen Quantensprung. Das trifft den Kern des Vorhabens ziemlich gut. Die Fluggesellschaft will binnen fünf Jahren die Flotte von derzeit rund 60 auf über 120 Maschinen verdoppeln. Sie will außerdem die vor Jahren aufgegebenen Langstrecken nach Europa wieder neu starten und sich damit endgültig auf der internationalen Bühne zurückmelden. Passend dazu wird Garuda noch im Laufe des Jahres 2012 Mitglied der Skyteam-Allianz. Die Fluggesellschaft hat damit eine wahre Metamorphose hingelegt, denn noch 2009 durfte sie nicht einmal nach Europa fliegen. Die europäische Flugsicherheitsagentur EASA verweigerte allen indonesischen Fluggsellschaften die Einfluggenehmigung. Garuda, lange Zeit unangefochtener Marktführer in Indonesien, muss sich mittlerweile ernster Konkurrenz erwehren. Billigfluggesellschaft Lion Air hat ehrgeizige Expansionspläne.

Garuda	
gegründet	26. Januar 1949
Sitz	Jakarta
Passagiere	**17,1 Mio.**
Flotte gesamt	93
737-300, 737-400, 737-500, 737-800, 747-400, A320, A330-200, A330-300	
Allianz	Skyteam (geplant 2012)
Hubs	Jakarta

Für ihre Langstreckendienste setzt Jet Airways ausschließlich A330-200 ein.

Jet Airways

Der starke Mann hinter Jet Airways heißt Naresh Goyal. Der charismatische Manager hatte als General Sales Agent für zahlreiche internationale Fluggesellschaften in Indien ein kleines Vermögen gemacht und beantragte 1994, in Konkurrenz zu Air India eine eigene Linienfluggesellschaften zu starten. Anfang 1995 bekam er seine Genehmigung. Seither hat sich Jet Airways einen guten Namen als Airline mit hervorragendem Service gemacht und ist auch auf internationalen Strecken stark gewachsen. 2007 übernahm Jet den Konkurrenten Air Sahara.

Doch die Überkapazitäten und der ruinöse Preiskampf, der sich nach der schrittweisen Liberalisierung des indischen Luftverkehrsmarktes entfaltete, sorgte auch bei Jet Airways zuletzt für hohe Verluste. Die Airline strich vor allem das Langstreckennetz zusammen und verleaste einige ihrer Boeing 777-300ER an Turkish Airlines.

Jet Airways	
gegründet	1. April 1992
Sitz	Mumbai
IATA/ICAO-Code	9W/JAI
Passagiere	**16,2 Mio.**
Flotte gesamt	101
ATR 72-500, 737-700, 737-800, 737-900, 777-300ER, A330-200	
Allianz	keine
Hubs	Mumbai

Xiamen Airlines betreibt eine reine Boeing-Flotte – auf dem Foto eine 737-800.

Xiamen Airlines

Xiamen Airlines nahm den Flugbetrieb 1984 auf und ist in der gleichnamigen Stadt angesiedelt. An der Airline ist China Southern (mit 60 Prozent) und die Xiamen Construction and Development Group mit 40 Prozent beteiligt. Neben Xiamen ist auch Fuzhou eine wichtige Basis. Die Flotte der Fluggesellschaft besteht derzeit aus 71 Boeing 737 der Serien -700 und -800 sowie sechs Boeing 757. Xiamen hat aber auch sechs Boieng 787-8 und sechs Comac ARJ21-700 bestellt. Die Fluggesellschaft wurde 2011 als Kandidat für die Aufnahme in die Skyteam-Allianz bestätigt und soll den Prozess im Laufe des Jahres 2012 abschließen. Xiamen wäre nach China Southern und China Eastern die dritte chinesische Fluggesellschaft, die sich dem Bündnis anschließt. Die eigene Marke dürfte bis auf weiteres erhalten bleiben. Denn innerhalb der großen Airline-Konzerne chinas genießen die regionalen Ableger viele Freiheiten.

Xiamen Airlines	
gegründet	1984
Sitz	Xiamen
IATA/ICAO-Code	MF/CXA
Passagiere	**15,3 Mio.**
Flotte gesamt	77
737-700, 737-800, 757-200	
Allianz	Skyteam geplant
Hubs	Xiamen

Asiana fliegt mit der 777 auch nach Sydney in Australien.

Asiana Airlines

Asiana gehörte zum koreanischen Mischkonzern Kumho Asiana Group. Die Fluggesellschaft wurde 1988 gegründet, als die koreanische Regierung beschloss, den Luftverkehr teilweise zu deregulieren. Die Airline bediente zunächst Strecken in der Region, übernahm aber 1990 ihre erste Boeing 767, mit der auch weiter entfernte Ziele in Reichweite kamen. Die zweitgrößte koreanischen Fluggesellschaft trat 2003 der Star Alliance bei und fliegt mittlerweile auch Ziele in Europa und Nordamerika an. Asiana hat sechs Airbus A380 bestellt. Die erste Maschine soll 2012 ausgeliefert werden. Asiana war ursprünglich ein reiner Boeing-Kunde, doch die Gewichte haben sich mittlerweile stark verschoben. Neben den A380 hat die Airline auch 30 A350 bestellt, jeweils zehn -800, -900 und -1000. Die Maschinen werden die Boeing 767 und 777 ablösen und erhebliches Wachstum ermöglichen.

Asiana Airlines	
gegründet	17. Februar 1988
Sitz	Seoul
IATA/ICAO-Code	OZ/AAR
Passagiere	**14,0 Mio.**
Flotte gesamt	72
A320, A321, A330-300, 737-400, 767-300, 767-300ERF, 747-400, 747-400M, 747-400F, 747-400BDSF, 777-200ER,	
Allianz	Star Alliance
Hub	Seoul Incheon

Auf den Mittelstrecken setzt Air New Zealand A320 ein – unter anderem nach Australien.

Air New Zealand

Air New Zealand wurde 1940 als Tasman Empire Airways (TEAL) gegründet und 1965 in Air New Zealand umbenannt. Ursprünglich beschränkte sich die Fluggesellschaft auf Flüge zu Zielen im Inland und Südpazifik, erst später kamen Langstrecken hinzu. 1979 verunglückte eine DC-10 der Air New Zealand, als die Maschine bei einem Sightseeing-Flug in der Antarktis wegen eines Navigationsfehlers gegen den Mount Erebus prallte. 259 Menschen starben.

Air New Zealand wurde 1989 privatisiert. Knapp zehn Jahre später wollte die Fluggesellschaft mit einer gewagten Entscheidung die Isolation verlassen

und stark wachsen. Sie stieg zunächst mit einer Minderheitsbeteiligung bei Ansett Australia ein, später übernahm sie sogar 100 Prozent der Anteile. Doch Ansett war zu diesem Zeitpunkt bereits wirtschaftlich angeschlagen, nach den Terrorattacken vom 11. September 2001 wurde die Lage nicht mehr tragbar und Ansett brach zusammen. Air New Zealand rutschte durch das Desaster in eine erhebliche, ja existenzielle Krise und musste noch im gleichen Jahr wieder verstaatlicht werden, um das Aus zu verhindern. Lange Zeit beschränkte sich das Unternehmen danach wieder auf seinen Heimatmarkt, ging dann aber doch wieder eine Allianz mit Virgin Australia ein, die nach dem Zusammenbruch von Ansett zur zweiten großen australischen Fluggesellschaft herangewachsen war. Air New Zealand ist heute mit 19 Prozent an Virgin Australia beteiligt, hat aber deutlich gemacht, dass sie diesen Anteil nicht weiter erhöhen will.

Bei den Langstrecken fokussiert sich Air New Zealand mittlerweile wieder stark auf Asien, darüber hinaus ist aber Los Angeles ein wichtiges Ziel, über das die Airline den nordamerikanischen Markt bedient. In Europa fliegt der Carrier nur London an. Seit 1999 ist Air New Zealand auch Mitglied der Star Alliance. Ihr charismatischer Vorstandschef Rob Fyfe, der hinter vielen Produktinnovationen steht, hat angekündigt, das Unternehmen Ende 2012 zu verlassen.

Air New Zealand	
gegründet	26. April 1940
Sitz	Auckland
IATA/ICAO-Code	NZ/ANZ
Passagiere	**13,1 Mio**
Flotte gesamt	51
A320, 737-300, 767-300ER, 777-200ER, 777-300ER, 747-400,	
Allianz	Star Alliance
Hubs	Auckland, Los Angeles

Ein Airbus A321 auf dem Flughafen von Ho Chi Minh Stadt – ehemals Saigon.

Vietnam Airlines

Die Geschichte von Vietnam Airlines ist eng verknüpft mit dem rasanten Wandel ihres Heimatlandes. Ihre Ursprünge gehen zurück auf das Jahr 1956. Damals war die Civil Aviation Administration of Vietnam (CAAV) verantwortlich dafür, den Linienverkehr durchzuführen. Ähnlich wie in China, aber einige Jahre später, wurde die Luftfahrtbehörde von der Airline getrennt. 1996 wurde die heutige Vietnam Airlines Corporation gegründet. Ein mindestens ebenso wichtiger Schritt war das Ende der amerikanischen Handelssanktionen gegen das Land. Dadurch war es dem Unternehmen erstmals möglich, Flug-

chen Ärger. Vietnam Airlines bezweifelte auch die Leistungsgarantien, die Boeing für die ursprünglich gekauften 787-8 gegeben hatte. Deswegen entschied sich die Airline um und wartet nun auf die gestreckte 787-9, die nach dem derzeitigen Stand der Dinge im Jahr 2015 ausgeliefert werden soll. Auf der Kurzstrecke setzt die Fluggesellschaft auf Maschinen der Airbus A320-Familie.

Vietnam Airlines ist auch auf anderer Ebene mittlerweile voll in die internationale Luftfahrt integriert. Gemeinsam mit der australischen Qantas ist sie einer der beiden Anteilseigner der Billigfluglinie Jetstar Pacific. Seit Mitte 2010 ist Vietnam Airlines zudem Mitglied in der Skyteam-Allianz. Das Unternehmen hat ambitionierte Wachstumspläne. Bis 2020 will Vietnam Airlines den Umsatz mehr als verdreifachen und vor allem auf den Langstrecken expandieren. Das Wachstum der Wirtschaft macht die Entwicklung möglich. Schließlich hat sich Vietnam als wichtiger Produktionsstandort etabliert.

zeuge westlicher Hersteller zu kaufen. 2001 betellte Vietnam Airlines vier Boeing 777-200ER, was vor allem ein wichtiges politisches Signal für die Normalisierung der Beziehungen zwischen den beiden Ländern mehr als 20 Jahre nach dem Ende des Vietnam-Krieges war. Auch die Boeing 787 hat Vietnam Airlines bestellt. Die lange Verspätung des Programmes sorgte indes für erhebli-

Vietnam Airlines	
gegründet	1956
Sitz	Hanoi
IATA/ICAO-Code	VN/HVN
Passagiere	**13,1 Mio.**
Flotte gesamt	78
ATR 72-500, Fokker 70, A320, A321, A330-200, 777-200ER	
Allianz	Skyteam
Hubs	Hanoi, Saigon

Air India ist mit der 747-400 Stammgast in Frankfurt.

Air India

Air India ist mittlerweile zum Inbegriff eines ineffizienten Staatscarriers geworden. Die Fluggesellschaft soll im Laufe des Jahres 2012 erneut mehr als eine Milliarde Dollar an Staatshilfen bekommen, und das ist nur die neueste von vielen Kapitalspritzen in ihrer langen Geschichte. Die Fluggesellschaft gehörte in den 60er- und frühen 70er-Jahren international zu den rennomiertesten Anbietern, doch diese Zeiten sind lange vorbei. War Air India sowieso schon ein bürokratisch überfrachtetes Unternehmen mit viel zu vielen Mitarbeitern und undurchschaubaren Prozessen, so wurde die Lage noch schlimmer durch die Fusion mit der früheren Inlandsgesellschaft Indian Airlines. 2007 kündigte die Regierung diesen Schritt an, aber es dauerte vier Jahre, bis die Fusion tatsächlich vollendet war.

Ein weiteres Drama spielte sich rund um die geplante Mitgliedschaft in der Star Alliance ab. Mitte 2011 beschloss die Allianz nach fast drei Jahren, in denen der Aufnahmeprozess längst hätte vollendet sein müssen, Air India vorerst nicht einzulassen. Begründet wurde die Entscheidung damit, dass die indische Airline die Mindestbedingungen, die für alle neuen Mitglieder gelten,

nicht erreicht und mehrere Deadlines dafür versäumt habe. Air India wies die Darstellung damals indes zurück.

Das Unternehmen geht in seinen Ursprüngen auf Tata Airlines zurück, die 1932 von dem berühmten indischen Mischkonzern gegründet worden war. Nach dem zweiten Weltkrieg begannen reguläre Passagierdienste, die indische Regierung stieg zunächst mit 49 Prozent ein und übernahm später die Mehrheit an der Gesellschaft. 1960 bekam Air India mit der Boeing 707 ihren ersten Jet, 1971 war sie unter den ersten Betreibern der Boeing 747. Die erste 747-400, die bis heute einen wichtigen Bestandteil der Flotte ausmacht, kam 1993. Air India hat Boeing einen riesigen Auftrag für über 100 Flugzeuge erteilt, darunter Boeing 777 und 787, doch angesichts der finanziellen Schwierigkeiten des Unternehmens ist unklar, wie viele davon letztlich ausgeliefert werden.

Air India	
gegründet	15. Oktober 1932
Sitz	Mumbai
IATA/ICAO-Code	AI/AIC
Passagiere	**13 Mio.**
Flotte gesamt	99
A319, A320, A321, A330-200, 747-400, 777-200LR, 777-300ER	
Allianz	keine
Hubs	Delhi, Mumbai

Eine 737-800 von Malaysia Airlines in Kuala Lumpur.

Malaysia Airlines

Malaysia Airlines ist wie Singapore Airlines aus der Malaysia Singapore Airlines hervorgegangen, die sich 1971 aufgespalten hat. MAS war zunächst nur auf Inlandsstrecken in Malaysia aktiv, bekam aber 1974 ihre erste Boeing 707, mit der sie Flüge nach London einführte. 1976 bekam Malaysian ihre erste DC-10, 1979 den ersten Airbus A300 und 1982 die erste Boeing 747. Mittlerweile dominieren Airbus A330 sowie Boeing 747 und 777 die Langstreckenflotte. Malaysian hat auch sechs Airbus A380 bestellt, von denen die erste Maschine noch im Laufe des Jahres 2012 ausgeliefert werden soll. Die Fluggesellschaft tritt außerdem voraussichtlich noch vor Ende des Jahres 2012 der Oneworld-Allianz bei. Sie ist damit eine der letzten klassisch ausgerichteten Fluggesellschaften in der Region, die sich einem der drei Bündnisse anschließt.

Malaysia Airlines	
gegründet	12. Oktober 1937
Sitz	Kuala Lumpur
IATA/ICAO-Code	MH/MAS
Passagiere	**13,3 Mio.**
Flotte gesamt	114
737-400, 737-800, A330-200, A330-300, 777-200ER, 747-400, A380, A330-200F, 747-200F, 747-400F	
Allianz	keine
Hubs	Kuala Lumpur

Kingfisher bedient ihre Kurz- und Mittelstrecken unter anderem mit Airbus A320.

Kingfisher

Die wirtschaftliche Lage von Kingfisher Airlines hat sich zuletzt dramatisch zugespitzt. Es war unklar, ob und in welcher Form das Unternehmen weiter existieren kann. Anfang 2012 waren Konten von Kingfisher eingefroren, ein Großteil der Flotte am Boden. Kingfisher strich auch alle internationalen Verbindungen. Anfang 2012 entschied die Airline, vorerst nicht der Oneworld-Allianz beizutreten. Gegründet wurde Kingfisher im Jahr 2003 von der United Breweries Group, eines der weltweit größten Spirituosenfabrikanten. UB Group-Chef Vijay Mallya ist auch die schillernde Figur hinter Kingfisher, die nach einer Biersorte benannt ist. Zu ihren besten Zeiten bestellte die Airline fünf Airbus A380, die offiziell ab 2014 ausgeliefert werden sollen. Doch angesichts der finanziellen Lage des Unternehmens nahe der Pleite darf man getrost davon ausgehen, dass Airbus die Maschinen anderweitig platzieren muss.

Kingfisher	
gegründet	2004
Sitz	Mumbai
IATA/ICAO-Code	IT/KFR
Passagiere	**k.A.**
Flotte gesamt	45
A319, A320, A321, A330-200, ATR 72-500	
Allianz	keine
Hubs	Bangalore

Start einer China-Airlines-747-400 in Los Angeles.

China Airlines

China Airlines ist über eine Holdinggesellschaft im Besitz der Regierung von Taiwan. Ihre Entwicklungsmöglichkeiten waren immer durch die schwierigen politischen Beziehungen zu China beeinträchtigt. So kann China Airlines zu wichtigen chinesischen Zielen nur Charter-, aber keine Linienflüge durchführen. Dafür ist ihre mit Abstand wichtigste Einzelstrecke die Verbindung von Taipei nach Hongkong. Die Fluggesellschaft genoss wegen schwerwiegender Unfälle lange Zeit einen schlechten Ruf. Der letzte große Unfall ereignete sich 2002, als eine Boeing 747-200 auf ihrem letzten Linieneinsatz nach Hongkong in der Luft auseinanderbrach. Seither hat sich aber die Lage stabilisiert. 2011 wurde China Airlines in die Skyteam-Allianz aufgenommen. Die Airline hat für ihre Langstreckenflotte 14 Airbus A350-900 bestellt, die ab 2015 ausgeliefert werden.

China Airlines	
gegründet	16. Dezember 1959
Sitz	Taipeh
IATA/ICAO-Code	CI/CAL
Passagiere	**k.A.**
Flotte gesamt	71
737-400, 737-800, A330-300, A340-300, 747-400, 747-400F	
Allianz	keine
Hubs	Taipeh

Pakistan International Airlines bedient auch mit der 737-300 Kabul.

Pakistan International Airlines

Der Vorläufer von Pakistan International Airlines (PIA) stammt nicht aus Pakistan, sondern aus Indien. Orient Airways hatte ihre Basis in Indien. Nachdem der Staat Pakistan gegründet worden war, führte Orient zahlreiche Rettungsflüge für die notleidende Bevölkerung durch. Die neue pakistanische Regierung beschloss, Orient Airways zu übernehmen. Aus ihr entstand die Pakistan International Airlines Corporation. Die nahm bald nach ihrer Gründung im Jahr 1955 Flüge nach London auf, später setzte sie ihre Maschinen auch auf Transatlantikstrecken ein. Wirtschaftlich war PIA nie ein Erfolg und wegen ihrer Unzuverlässigkeit („please inform Allah") hat ihr Ruf gelitten. Der letzte schwere Unfall passierte im Jahr 2006. Die pakistanische Regierung hat immer wieder versucht, die Airline zu privatisieren, bislang aber ohne Erfolg.

Pakistan International Airlines	
gegründet	1951
Sitz	Karatschi
IATA/ICAO-Code	PK/PIA
Passagiere	**5,9 Mio.**
Flotte gesamt	40
ATR 42-500, 737-300, A310-300747-200M, 747-300, 777-200ER, 777-200LR, 777-300ER	
Allianz	keine
Hubs	Karatschi

Tiger Airways betreibt eine reine A320-Flotte – im Frühjahr 2012 waren es 21 Flugzeuge.

Tiger Airways

Tiger Airways ist eine Billigfluggesellschaft mit Sitz in Singapur. An dem Unternehmen ist auch Singapore Airlines beteiligt. Sie soll mit einer Airbus A320-Flotte Ziele im Umkreis von etwa fünf Stunden um Singapur bedienen und damit ein anderes Marktsegment bedienen als Singapore Airlines. Tiger hat im Laufe der Jahre versucht, auch in anderen Ländern in der Region Tochtergesellschaften mit lokalen Partner zu gründen. Die wohl bekannteste ist Tiger Airways Australia, die 2007 den Flugbetrieb aufnahm. 2011 erteilten die australischen Behörden der Airline allerdings wegen Sicherheitsbedenken ein zeitweises Flugverbot. Daraufhin trat Tony Davis als Unternehmenschef zurück. In Thailand und Korea scheiterten Versuche, Ableger zu installieren, auf den Philippinen ist Tiger eine Kooperation mit SEAir eingegangen, einer von Iren Dornier gegründeten Regionalfluggesellschaft. Ein Franchise in Indonesien wird vorbereitet.

Tiger Airways	
gegründet	12. Dezember 2003
Sitz	Singapur
IATA/ICAO-Code	TR/TGW
Passagiere	**5,4 Mio.**
Flotte gesamt	21 A320
Allianz	keine
Hubs	keine

Philippine Airlines fliegt auf der Kurz- und Mittelstrecke mit Airbus A319 und A320 (Foto).

Philippine Airlines

Philippine Airlines wurde 1941 gegründet und fliegt bis heute unter ihrem ursprünglichen Namen. Die ehemalige Staatsgesellschaft des philippinischen Staates musste als Folge der asiatischen Finanzkrise des Jahres 1997 ihr Streckennetz reduzieren und auch viele ihrer damaligen Langstrecken aufgeben. Das Unternehmen brauchte für die Sanierung viele Jahre und hat erst in der jüngeren Vergangenheit wieder einige der Lücken geschlossen, die der erzwungene Rückzug gerissen hatte. Mittlerweile ist PAL in Cebu Pacific ein ernstzunehmender Konkurrent erwachsen, der vor allem in Inlandsmarkt stark vertreten ist. Cebu hat aber auch Pläne, auf Mittelstrecken zu expandieren. Philippine Airlines ist auch für Lufthansa kein Unbekannter. Die beiden Unternehmen betreiben seit Jahren das Joint Venture Lufthansa Technik Philippines am Flughafen Manila. In den Hangars werden vor allem Großraumflugzeuge gewartet.

Philippine Airlines	
gegründet	26. Februar 1941
Sitz	Manila
IATA/ICAO-Code	PR/PAL
Passagiere	**4,3 Mio.**
Flotte gesamt	36
A319, A320, A330-300, A340-300, 777-300ER, 747-400	
Allianz	keine
Hubs	Manila

TAM

Kein Tag hat die Firmenkultur der brasilianischen Fluggesellschaft TAM so sehr verändert wie der 8. Juli 2001. An diesem Tag stürzte Rolim Amaro, oder auch Comandante Rolim genannt, mit seinem Hubschrauber im paraguayisch-brasilianischen Grenzgebiet ab. Eine kaum zu beschreibende Schockstarre erfasste die Fluggesellschaft.

Rolim Amaro war die dominierende Figur bei TAM. Er war äußerst charismatisch und führungsstark. Morgens stand er manchmal schon um sechs Uhr hinter dem Check-In-Schalter, um seinen Mitarbeitern die richtige Philosophie vorzuleben. Legendär sind die roten Teppiche, die TAM ausrollte, wenn die Maschinen auf Vorfeldpositionen standen. Und selbst bei den kurzen Flügen zwischen Sao Paolo und Rio de Janeiro gab es noch lange eine warme Mahlzeit in der Business Class. Als Amaro starb, war TAM in Brasilien die Nummer zwei hinter Varig, und sie brachte Jahre, um sich wieder zu fangen. Doch dem langfristigen Erfolg verhinderte der Tod des charismatischen Chefs nicht.

TAM ist nach dem Verschwinden der alten brasilianischen Carrier wie Varig, VASP oder Transbrasil als Marktführer übrig geblieben und bietet als einzige lokale Airline auch Langstreckenflüge

TAM	
gegründet	1976
Sitz	São Paulo
IATA/ICAO-Code	JJ/TAM
Passagiere	**35,5 Mio**
Flotte gesamt	154
A319, A320, A321, A330-200, 767-300ER, 777-300ER	
Allianz	Star Alliance
Hubs	São Paulo, Rio de Janeiro, Brasilia

TAM fliegt täglich mit der 777-300ER von Sao Paulo nach Frankfurt.

an. Ihre Basis in Sao Paolo befindet sich im wirtschaftlichen Zentrum Südamerikas, gute Voraussetzungen also für weiteres Wachstum. Nun will TAM mit LAN fusionieren, um eine noch stärkere Gruppe zu bilden.

Noch nicht entschieden ist die Frage, welcher Allianz TAM künftig angehören wird – die chilenische Wettbewerbsbehörde hat angeordnet, dass sich der neue Konzern, der aus der Fusion von LAN und TAM entsteht, für ein Bündnis entscheiden muss. Derzeit gehört LAN zu Oneworld, TAM zur Star Alliance. Weil in der Gruppe LAN ein stärkeres Gewicht hat, gilt Oneworld als die wahrscheinlichere Alternative. Eine Alternative ist auch, dass TAM sich aus den Allianzen ganz heraushält und bilaterale Abkommen unterhält.

LAN

Die Nachricht, dass die beiden größten lateinamerikanischen Airlines, LAN und TAM, fusionieren wollten, schlug 2011 ein wie eine Bombe. Das Projekt, so viel war klar, würde ein Präzedenzfall sein für die Branche und Auswirkungen haben jenseits des Kontinents. Zwar gab es zuletzt auch in Europa und den USA große Fusionen und Übernahmen, jedoch fanden diese innerhalb eines Binnenmarktes statt. LATAM wird der mit Abstand größten Anbieter in Südamerika und nach dem Börsenwert eine der größten Airlines der Welt.

LATAM besteht streng genommen weiterhin aus zwei Fluggesellschaften, LAN und TAM, die aber unter einer Holding zusammengefasst und gemeinsam geführt werden. Die ehemaligen LAN-Aktionäre dominieren, doch über ein kompliziertes Stiftungsmodell soll sichergestellt sein, dass bei TAM formal brasilianische Investoren das Sagen haben. Die Erfolgsgeschichte von LAN begann 1994, als die chilenische Regierung ihre Anteile der Fluggesellschaft an die Familie Cueto und weitere Investoren verkaufte.

LAN	
gegründet	5. März 1929
Sitz	Santiago de Chile
IATA/ICAO-Code	LA/LAN
Passagiere	**19,3 Mio.**
Flotte gesamt	119
A318, A319, A320, A340-300, 767-300ER, 767-300ERF, 777F	
Allianz	Oneworld
Hubs	Santiago, Buenos Aires, Quito, Lima, Miami

Die Cuetos hatte einige Erfahrung in der Branche, vor allem aber im Frachtgeschäft. Sie versuchten nun, diese auch im Passagierverkehr zu nutzen. Im Jahr 2000 entschied LAN, dass Chile alleine als Markt nicht ausreichen würde und

LAN gehört zu den wenigen Fluggesellschaften, die die A318 einsetzen.

das Unternehmen auch in andere Länder auf dem Kontinent expandieren müsste. LAN gründete also Tochtergesellschaften in Peru, Ecuador, Argentinien und 2011 auch in Kolumbien, dem nach Brasilien zweitgrößten Markt in der Region. Nur in Brasilien kam LAN nicht so recht weiter, es bot sich keine Airline an, die man als Basis für die eigene Expansion aufkaufen konnte. Doch es gab ja noch TAM und weil die Familien Cueto und Amaro, die bei TAM das Sagen hat, sich seit langem kennen und sich vertrauen, einigten sie sich darauf, ihre Unternehmen zusammenzulegen.

Das LAN-Modell funktioniert aber nicht nur strategisch. Die Gruppe gilt als die am besten geführte Airline in der Region. Die Tochtergesellschaften haben zwar relative Freiheiten, sie müssen aber selbst über Details in der Zentrale regelmäßig Bericht erstatten.

Start eines Airbus A320 auf dem Flughafen El Dorado in Bogota.

Avianca

German Efromovich hat mittlerweile die kolumbianische Staatsbürgerschaft, ehrenhalber. Der brasilianische Unternehmer hatte sich 2004 dazu entschlossen, trotz aller Widerstände und Widersprüche die kolumbianische Fluggesellschaft Avianca aus der Insolvenz heraus zu kaufen.

Kaufen war die eine Schwierigkeit, doch die größere Aufgabe bestand darin, Avianca auch auf solide Beine zu stellen. Der ehemalige Staatsbetrieb war bürokratisch und ineffizient, der Kundenservice lässt bis heute noch bisweilen zu wünschen übrig.

Andererseits waren aber die Voraussetzungen nicht schlecht: Avianca ist mit KLM die älteste Airline der Welt, die noch unter ihrem ursprünglichen Namen fliegt, die Marke ist also von hohem Wert. Zugleich spielen Efromovich und den Seinen die politischen Rahmenbedingungen in die Karten. In Kolumbien gibt es wieder so etwas wie eine öffentliche Ordnung, die Drogenkartelle haben von ihrem Einfluss auf

Zusammenführen unterschiedlicher Kulturen versteht. Denn genau ist das Ungewöhnliche an der Kombination: Auf der einen Seite die auf Effizienz, Kundennähe und Schnelligkeit getrimmte Taca und auf der anderen Seite der schwerfällig ehemalige Staatscarrier Avianca.

Die Zentrale des Konzerns befindet sich mittlerweile an der großen Zubringerstraße zum internationalen Flughafen von Bogotá in einem schicken neuen Bürogebäude. Ähnlich wie bei der künftigen LATAM haben zwei Familien in der Gruppe das Sagen. Efromovich auf der einen Seite. Der zweite mächtige Pol ist die Familie Kriete, vor allem der ehemalige Taca-Chef Roberto Kriete, der die Geschicke der Gruppe aus dem Aufsichtsrat heraus gemeinsam mit Efromovich kontrolliert.

2011 beschloss Avianca-Taca, Mitglied der Star Alliance zu werden. Die Aufnahme war für das Frühjahr 2012 geplant. Allerdings hing die Entscheidung noch bis zuletzt an der Frage, welchem Bündnis sich LATAM anschließen würde. Im Juni wurde der Beschluss dann umgesetzt.

das öffentliche Leben zumindest in Bogotá und einigen anderen Städten verloren. Die kolumbianische Wirtschaft wächst und sie öffnet sich langsam für internationale Investoren. All dies ist gut für den Luftverkehr.

Efromovich hat dennoch beschlossen, dass Avianca sich mit der mittelamerikanischen Taca zusammentun sollte. Das Zusammengehen, beschlossen im Jahr 2009, ist eines der spannendsten Projekte, das die südamerikanische Flugbranche zu bieten hat, zumindest wenn man zufällig Unternehmensberater ist, der sich auf das

Avianca	
gegründet	1919
Sitz	Bogota
IATA/ICAO-Code	AV/AVA
Passagiere	**19,2 Mio.**
Flotte gesamt	65
A318, A319, A320, A330-200, Fokker 50	
Allianz	Star Alliance
Hubs	Bogota

Aeromexico fliegt täglich mehrmals nach Los Angeles – hier mit einer 737-700.

Aeromexico

Aeromexico kann als das Überbleibsel der alten Zeit der mexikanischen Luftfahrt angesehen werden. Über Jahrzehnte dominierte die Airline gemeinsam mit dem einzig nennenswerten Konkurrenten Mexicana de Aviacion im Luftverkehrsmarkt des Landes. Doch das hat sich gravierend geändert. Mexicana musste 2010 Insolvenz anmelden und hat den Flugbetrieb eingestellt. Versuche, das Unternehmen wieder auf die Beine zu bringen, sind bislang gescheitert und gelten mittlerweile als aussichtslos. Gleichzeitig haben sich Billig-Anbieter wie Volaris, die sehr stark expandieren wollen und große Flugzeugbestellungen abgegeben haben, immer besser etabliert. Aerome-

xico selbst befand sich selbst zuletzt 2007 in einer existenziellen Krise, als ihre Muttergesellschaft sich gezwungen sah, die Airline zu verkaufen, um Schulden tilgen zu können.

Aeromexico wurde 1934 als Aeronaves de Mexico gegründet. Einige Jahre später übernahm Pan Am einen Anteil von 25 Prozent an der Airline und mischte im Management mit. Vor allem in den 50er-Jahren, aber auch später übernahm Aeromexico zahlreiche kleinere Anbieter. 1961 übernahm Aeromexico ihre ersten Jets und setzte dabei auf die DC-8. Die Tradition setzte Aeromexico mehr als zehn Jahre später fort, denn als einer der Erstkunden erhielt sie 1974 ihre erste DC-10. Auch auf der Kurzstrecke setzte sie auf Douglas-Flugzeuge und übernahm dafür ab 1974 eine Flotte von DC-9.

1993 übernahm Aeromexico den Konkurrenten Mexicana, später wurden die beiden Airlines nebeneinander in der Cintra-Holding geführt, die allerdings mittlerweile längst wieder aufgelöst ist. Während Aeromexico im Inland scharfem Wettbewerb durch Billigflieger ausgesetzt ist, ist die Airline auf den Langstrecken nach der Mexicana-Pleite unangefochten. Die schlechte wirtschaftliche Lage, die hohe Kriminalitätsrate und die undurchsichtige Luftverkehrspolitik der mexikanischen Regierung sorgen aber dafür, dass Mexiko insgesamt als Luftverkehrsstandort gegenüber anderen wie Panama oder Kolumbien zurückfällt.

Aeromexico	
gegründet	1934
Sitz	Mexiko Stadt
IATA/ICAO-Code	AM/AMX
Passagiere	**14,3 Mio.**
Flotte gesamt	57
737-700, 737-800, 767-200ER, 767-300ER, 777-200 ER	
Allianz	Skyteam
Hubs	Mexiko Stadt

Eine Boeing 737-800 auf dem Flughafen von Montevideo in Uruguay.

Gol

Die brasilianische Fluggesellschaft Gol hat den schönen Namenszusatz Lineas Aereas Intelligentes. Das soll ausdrücken, dass Gol für eine moderne, intelligente Form des Luftverkehrs steht. Sie ist mittlerweile aber nicht mehr eine reine Billigfluggesellschaft, sondern steht irgendwo zwischen dem Low Fare-Konzept und den klassischen Drehkreuz-Betreibern. Nach den rasanten und erfolgreichen Anfangsjahren traf das Management aber nicht nur intelligente Entscheidungen. Der Kauf der ehemals führenden brasilianischen Airline Varig aus der Insolvenz gilt heute gemeinhin als großer Fehler. Die Tendenz in Richtung klassischer Airlines wird auch durch die neue Partnerschaft mit Delta Air Lines verstärkt – Delta hat sich sogar an Gol beteiligt, um sein Standbein in Brasilien abzusichern. Gol gilt auch als Kandidat für den Beitritt in die Skyteam-Allianz, dies allerdings wohl eher mittelfristig.

Gol	
gegründet	2000
Sitz	São Paulo
IATA/ICAO-Code	G3/GLO
Passagiere	**27 Mio.**
Flotte gesamt	123
737-700, 737-800	
Allianz	keine
Hubs	São Paulo-Congonhas Rio-Santos Dumont

Copa Airlines betreibt insgesamt 75 Flugzeuge – auf dem Foto eine 737-700 in Caracas.

Copa

Wenn es nach der Größe des eigenen Heimatmarktes geht, dann dürfte Copa Airlines nur eine ganz kleine Fluggesellschaft sein. Copa sitzt in Panama City, der Hauptstadt eines kleinen Landes, das vor allem vom gleichnamigen Kanal und ein bisschen von der Finanzindustrie lebt. Doch Copa betreibt an ihrem Heimatflughafen ein erstaunlich großes und sehr erfolgreiches Drehkreuz, das vielen Konkurrenten ein Dorn im Auge ist, ohne dass sie viel dagegen unternehmen könnten.

Copa macht sich dabei die geographische Lage Panamas zunutze. Das kleine Land liegt bekanntlich genau zwischen Nord- und Südamerika. Und die meisten Ziele sind dabei auf beiden Seiten auch noch innerhalb der Reichweite der Boeing 737, die den größten Teil der Copa-Flotte ausmacht. Die Airline hat damit nicht nur Zugang zu einem riesigen Markt, sie hat gegenüber vielen Konkurrenten aus dem Norden oder Süden auch noch einen nicht zu unterschätzenden Kostenvorteil, denn diese müssen alleine schon wegen der großen Entfernung oft Großraumjets einsetzen. Die eigene Regierung unterstützt Copa nach Kräften und fördert unter anderem den Ausbau des Flughafens.

Copa hat ihr Geschäftsmodell mittlerweile diversifiziert. So hat die Airline inzwischen auf der Basis der ehemaligen Aero Republica Copa Colombia gegründet.

Copa Airlines	
gegründet	1947
Sitz	Panama-City
IATA/ICAO-Code	CM/CMP
Passagiere	**6,7 Mio.**
Flotte gesamt	75
737-700, 737-800, Embraer 190	
Allianz	Star Alliance
Hubs	Panama-Stadt

Aerolineas Argentinas setzt bei ihrer Langstreckenflotte ausschließlich auf Airbus A340-200 und A340-300.

Aerolineas Argentinas

Die Luftfahrtindustrie Südamerikas kann für die vergangenen zehn Jahre eine echte Erfolgsgeschichte vorweisen, der Markt wächst, die Airlines werden professioneller und profitabler. Doch es gibt Ausnahmen und dazu gehört Aerolineas Argentinas. Das argentinische Staatsunternehmen kriselt seit vielen Jahren vor sich hin. Zwar wurde Aerolineas zwischenzeitlich einmal privatisiert, doch mittlerweile hat wieder die Regierung das Sagen. Und mir ihr die Gewerkschaften. Längst überfällige Einschnitte finden nicht statt und so macht die Airline Jahr für Jahr horrende Verluste, ein Ende ist nicht in Sicht. Der Staat reagiert auf die Misere mit immer neuen Kapitalspritzen und einer immer deutlicheren protektionistischen Haltung. Der Markteintritt für Konkurrenten wird zunehmend schwieriger. Immerhin hat Aerolineas Argentinas einen ersten Schritt aus der Isolation gemacht und wird 2012 Mitglied der Skyteam-Allianz mit Delta und Air France-KLM an der SpitzeSpitze.

Aerolineas Argentinas	
gegründet	7. Dezember 1950
Sitz	Buenos Aires
IATA/ICAO-Code	AR/ARG
Passagiere	**6 Mio.**
Flotte gesamt	44
737-500, 737-700, 737-800, MD-83, MD-88, A340-200, A340-300	
Allianz	Skyteam
Hubs	Buenos Aires

Ihre Embraer 190 setzt TACA unter anderem ab ihrem Hub in Lima ein.

TACA

TACAs Ursprünge gehen auf das Jahr 1931 zurück. Damals hatte der Neuseeländer Lowell Yerex die Idee, in möglichst jedem lateinamerikanischen Land eine Fluggesellschaft zu gründen. Die meisten Initiativen verliefen im Sand, doch TACA International blieb bestehen. Ein Wendepunkt in der Geschichte war der Einstieg der Familie Kriete im Jahr 1980, sie übernahm damals die Mehrheit des Unternehmens von der Regierung. Sie nahmen aber auch die ursprüngliche Idee wieder auf, einen Verbund von Fluggesellschaften in der Region aufzubauen, darunter Aviateca (Guatemala), Lasca (Costa Rica) und Nica (Nicaragua). Eine entscheidende Rolle spielte der TACA-Chef Federico Bloch. 25 Jahre lang stand Bloch an der Spitze und prägte TACA ähnlich wie Rolim Amaro die brasilianische Fluggesellschaft TAM. 2004 trat er, wohl wegen einer privaten Krise, zurück. 2009 machte Kriete den nächsten Schritt. Er einigte sich mit Avianca Besitzer Efromovich auf eine Fusion.

TACA	
gegründet	1931
Sitz	San Salvador
IATA/ICAO-Code	TA/TAI
Passagiere	**4 Mio.**
Flotte gesamt	47
A319, A320, A321, Embraer 190	
Allianz	Star Alliance
Hubs	San Salvador, San Jose, Lima

Ein South African Airways Airbus A319 kurz vor der Landung in Windhuk.

South African Airways

Die Geschichte von South African Airways lässt sich gut in zwei große Kapitel unterteilen. In die Zeit des Apartheid-Regimes und in die Zeit danach, die 1990 begonnen hat. South African wurde 1934 gegründet, als die Regierung die damalige Union Airways übernahm. Die Airline wurde mit dem Schritt in SAA umbenannt. Nach dem zweiten Weltkrieg nahm SAA ihre ersten Langstreckenflüge (mit mehreren Zwischenstops auf), 1948 wechselte die Basis vom Rand Airport zum heutigen internationalen Flughafen von Johannesburg. 1952 übernahm SAA mit einer De Havilland Comet ihren ersten Jet, 1956 allerdings auch ihre erste DC-7. Die Maschine wurde auf der Strecken Johannesburg–London eingesetzt, mit Zwischenstop in Khartoum. Die Comet

wurde ab 1958 von der Boeing 707 abgelöst. Doch immer mehr afrikanische Länder verboten SAA später aus Protest gegen die Rassentrennung, ihren Luftraum zu durchfliegen. Deswegen mussten die SAA-Jets große Umwege fliegen, wenn sie etwa Ziele in Europa ansteuern.

Unter anderem aus diesem Grund bestellte SAA als eine der wenigen Airlines die Boeing 747SP, kein anderes Flugzeug hatte zur damaligen Zeit eine ähnlich große Reichweite. 1986 beschlossen die USA, keine südafrikanischen Fluggesellschaften mehr zuzulassen, auch nach Australien durfte SAA aus politischen Gründen nicht mehr fliegen.

1990 war die Apartheid am Ende. Nach und nach wurden die Restriktionen gelockert und SAA konnte anfangen, sich wie eine normale Fluggesellschaft zu entwickeln.

Allerdings ist ihre Geschichte seither ähnlich turbulent wie die von Südafrika selbst. Korruptionsskandale, Vettern- und Misswirtschaft, ständige Wechsel an der Konzernspitze, dubiose Flugzeugaufträge und nicht zuletzt horrende Verluste haben SAA über viele Jahre belastet. Daran haben auch mehrere Sanierungsprogramme nichts geändert, die zwischenzeitlich immer wieder versuchte Privatisierung ist nicht gelungen. 2006 trat SAA der Star Alliance bei, aber auch dies hatte keinen nennenswerten Effekt. Mit Siza Mzimela steht seit 2010 erstmals eine Frau an der Spitze des Unternehmens.

South African Airways	
gegründet	1. Februar 1934
Sitz	Johannesburg
IATA/ICAO-Code	SA/SAA
Passagiere	**8,5 Mio.**
Flotte gesamt	62
A319, A320, A330-200, A340-200, A340-300, A340-600, 737-200F, 737-300F, 737-800,	
Allianz	Star Alliance
Hubs	Johannesburg

Egyptair

Die Metamorphose von Egyptair hat im Jahr 2002 begonnen. Damals beschloss die ägyptische Regierung, die Airline vom Staat zu trennen. Zwar sollte Egyptair weiterhin in staatlichem Besitz bleiben, aber das Management sollte das Unternehmen künftig wie eine private Firma führen. Im Gegenzug war aber auch klar, dass die Airline keine staatlichen Hilfen bekommen würde. Die Umstrukturierung hat sich ausgezahlt. Denn Egyptair machte sich an die Arbeit, Kairo zu einem wichtigen Drehkreuz in Nordafrika aufzubauen. Dabei geholfen hat auch die Modernisierung des Flughafens von Kairo, wo ein weiteres Abfertigungsgebäude eröffnet wurde. Dieses nutzen nun sowohl Egyptair als auch die übrigen Mitglieder der Star Alliance, die Kairo anfliegen. Egyptair ist der Allianz im Jahr 2007 beigetreten und definiert sich darin als wichtigster Anbieter für den Raum Nord- und Zentralafrika sowie die Levante.

Egyptair	
gegründet	Mai 1932
Sitz	Kairo
IATA/ICAO-Code	MS/MSR
Passagiere	**6,3 Mio.**
Flotte gesamt	78
A300B4-200F, A300-600RF, A320, A321, A330-200, A330-300, A340-200, 737-500, 737-800, 777-200ER, 777-300ER, Embraer 170	
Allianz	Star Alliance
Hubs	Kairo

Die Entwicklung von Egyptair ist aber jüngst auch von großen Rückschlägen begleitet gewesen. Der Arabische Frühling ließ den Luftverkehr nach Ägypten einbrechen. Egyptair versuchte, die Kapazitäten so umzusteuern, dass sie vor allem Umsteigeverbindungen anbot, um wenigstens einen Teil des Rückgangs aufzufangen. Das ändert aber

Egyptair betreibt fast 80 Flugzeuge – darunter auch A321, die hauptsächlich nach Europa eingesetzt werden.

nichts daran, dass die Airline stark vom touristischen Verkehr abhängig ist. In diesem Marktsegment konkurriert sie allerdings sehr mit den Anbietern aus den Heimatländern der Urlauber, die vor allem zum Badeurlaub ans Rote Meer einfliegen.

Egyptair betreibt derzeit eine Flotte von 78 Flugzeugen, darunter auch drei Frachter. Die Langstreckenflotte besteht aus elf Boeing 777 sowie elf Airbus A330. Im Jahr 1999 stürzte eine Boeing 767 der Egyptair auf dem Flug von New York nach Kairo vor Nantucket ins Meer. Die amerikanischen Unfalluntersucher kamen zu dem Ergebnis, dass einer der beiden Co-Piloten den Absturz absichtlich herbeigeführt hat. Ägyptische Behörden weisen diese Darstellung bis heute zurück.

Eine 757 auf dem Heimatflughafen Addis Abeba. Ethiopian ist seit 2011 Mitglied der Star Alliance.

Ethiopian

Ethiopian Airlines ist eine der wenigen afrikanischen Fluggesellschaften auf Weltstandard. Ende 2011 versammelten sich die Chefs der Star Alliance-Mitglieder in Addis Abbeba, um die Aufnahme des Carriers groß zu feiern. Boeing schickte sogar einen Prototypen der 787 und veranstaltete einen Rundflug für die Konzernbosse. Das Geschäftsmodell von Ethiopian ist ganz auf ausländische Märkte ausgerichtet, nur ein geringer Teil des Umsatzes entsteht in Äthiopien selbst. Die Airline profitiert dabei von der geographischen Lage ihrer Basis in Addis und vom stark wachsenden Handel zwischen Afrika und Asien. In Addis Abbeba betreibt Ethiopian ihr eigenes Wartungszentrum. Der stärkste Konkurrent ist Kenya Airways. Gemeinsam mit Egyptair und SAA erwägt Ethiopian, eine neue Tochtergesellschaft in Westafrika zu gründen, konkret sind die Pläne aber noch nicht geworden.

Ethiopian	
gegründet	21. Dezember 1945
Sitz	Addis Abeba
IATA/ICAO-Code	ET/ETH
Passagiere	**4,7 Mio.**
Flotte gesamt	51
Q400, 737-700, 737-800,747-200F, 757-200ER, 757-200PF, 767-300ER, 777-200LR, MD-11F	
Allianz	Star Alliance
Hubs	Addis Abeba

Kenya Airways ist stark in Afrika – eine 737-700 kurz vor der Landung in Dakar.

Kenya Airways

Kenya Airways hat sich schon früh für internationale Partner geöffnet. Air France-KLM ist derzeit mit 26 Prozent an der kenianischen Fluggesellschaft beteiligt. Unter ihrem Vorstandschef Titus Naikuni hat Kenya Airways Nairobi zu einem der beiden wichtigsten Drehkreuze im Zentrum Afrikas entwickelt. Als eine der wenigen Airlines in der Region kann sie vom wachsenden Handel mit Asien und Europa profitieren, andererseits behindern weiterhin restriktive Luftverkehrsabkommen und politische Faktoren den Ausbau des Streckennetzes innerhalb Afrikas. Kenya Airways ist Mitglied der Skyteam-Allianz, die Verbindung geht auf jahrelange Kooperation mit KLM Royal Dutch Airlines zurück, die über Kenia den afrikanischen Markt erschließen wollte. Kenya Airways wurde 1977 nach dem Ende von East African Airways gegründet. Sie wurde 1995 weitgehend privatisiert.

Kenya Airways	
gegründet	4. Februar 1977
Sitz	Nairobi
IATA/ICAO-Code	KQ/KQA
Passagiere	**k.A.**
Flotte gesamt	34
737-300, 737-700, 737-800, 767-300ER, 777-200ER, Embraer 170, Embraer 190	
Allianz	Skyteam
Hubs	Nairobi

Mit dem Airbus A320 bedient Tunis Air unter anderem Bahrain.

Tunis Air

Air France hat bei der Gründung von Tunis Air im Jahre 1948 kräftig mitgeholfen. Später übernahm zwar die tunesische Regierung die Mehrheit an der neuen Fluggesellschaft, die engen Beziehungen nach Paris blieben aber bestehen. Die Flotte bestand zunächst aus DC-3 und DC-4, 1961 kam mit der Sud Aviation Caravelle der erste Jet hinzu. 1972 übernahm Tunisair ihre erste Boeing 727. Wie viele andere Fluggesellschaften in der Region musste Tunisair zuletzt wegen der politischen Unruhen des Arabischen Frühlings starke Verkehrsrückgänge verkraften. Allerdings gilt als sicher, dass die Airlines mittel- und langfristig von dem Umbruch profitieren werden. Tunisair betreibt derzeit eine Flotte von 37 Maschinen. Sie hat für Langstrecken unter anderem drei A350-800 bestellt. Diese sollen gemeinsam mit drei A330-200 die älteren A300 ablösen und für Wachstumsmöglichkeiten sorgen.

Tunis Air	
gegründet	21.. Oktober 1948
Sitz	Tunis
IATA/ICAO-Code	TU/TAR
Passagiere	**k.A.**
Flotte gesamt	37
A300-600R, A319, A320, 737-500, 737-600, 737-700	
Allianz	keine
Hubs	Tunis

Royal Air Maroc ist regelmäßig in Frankfurt zu sehen – hier mit einer Boeing 737-500.

Royal Air Maroc

Royal Air Maroc wurde 1953 als Compagnie Cherifienne des Transport Aeriens gegründet. Die Junkers Ju-52 war das erste Flugzeug, aber dieses wurde bald von der DC-3 und der Lockheed Super Constellation abgelöst. Nach der Unabhängigkeit Marokkos wurde die Airline umbenannt und trägt seither ihren heutigen Namen. 1960 übernahm RAM mit der Sud Aviation Caravelle ihren ersten Jet, später kamen Boeing 707, 727 und 737 hinzu. Derzeit betreibt Royal Air Maroc 56 Flugzeuge. Zur künftigen Flotte werden auch fünf Boeing 787 gehören. Die marokkanische Regierung versucht, das Unternehmen teilzuprivatisieren. Allerdings haben sich die wirtschaftlichen Rahmenbedingungen für die Airline verschlechtert, seit Marokko ein Open Skies-Abkommen mit der Europäischen Union abgeschlossen hat. Das Land ist vor allem für Billigfluggesellschaften ein attraktives Ziel.

Royal Air Maroc	
gegründet	1957
Sitz	Cassablanca
IATA/ICAO-Code	AT/RAM
Passagiere	**k.A.**
Flotte gesamt	56
ATR 72, A321, 737-400, 737-500, 737-700, 737-800, 747-400, 767-300ER5, 737-300F	
Allianz	keine
Hubs	Cassablanca

Mit Airbus A319 ist Air Mauritius in Afrika unterwegs – wie hier auf dem Flughafen von Johannesburg.

Air Mauritius

Air Mauritius wurde 1967 von vier Partnern gegründet. Dazu zählten Air France, British Overseas Airways Corporation (BOAC), der Vertriebsspezialist Rogers and Co. sowie die Regierung des Inselstaates. Die zwei Airlines und die Regierung hielten zunächst jeweils einen Anteil von 27,5 Prozent. Air Mauritius nahm den Flugbetrieb allerdings erst in den 70er-Jahren auf. 1972 übernahm die Airline eine Vickers VC10 von British Airways im Wet-Lease und startete damit ihre erste Langstreckenverbindung nach London, mit Zwischenstop in Nairobi. Mittlerweile betreibt Air Mauritius auf den Hauptstrecken eine reine Airbus-Flotte sowie zwei ATR 42-500 für Nebenstrecken. Wegen der schlechten wirtschaftlichen Lage des Unternehmens beschloss Air Mauritius Anfang 2012, zahlreiche Langstrecken einzustellen. Dazu gehören Melbourne, Sydney und Mailand. Die hohen Treibstoffkosten haben diesen Schritt ausgelöst.

Air Mauritius	
gegründet	1967
Sitz	Port Louis
IATA/ICAO-Code	MK/MAU
Passagiere	**1,3 Mio**
Flotte gesamt	12
ATR 42-500, A319, A330-200, A340-300	
Allianz	keine
Hubs	Port Louis

Die Boeing 737-500 von Air Namibia wird mittelfristig durch die A319 ersetzt.

Air Namibia

Air Namibias Vorläufer lassen sich auf das Jahr 1946 zurückverfolgen, damals wurde die South West Air Transport gegründet. Die Airline nahm allerdings erst 1948 den Flugbetrieb auf. Air Namibia trägt ihren Namen seit der Unabhängigkeit des Landes im Jahr 1991. Im gleichen Jahr nahm sie mit einer Boeing 747SP Linienflüge nach Frankfurt und London auf. Deutschland ist wegen der vergleichsweise hohen touristischen Nachfrage weiterhin der wichtigste europäische Markt für das Unternehmen. Air Namibias finanzielle Lage ist traditionell schlecht, die Regierung muss die Airline immer wieder mit Kapitalspritzen stützen. Derzeit betreibt Air Namibia zwölf Flugzeuge, darunter zwei A340-300, die von Lufthansa geleast wurden. In der Hauptstadt Windhuk bedient sie sowohl den internationalen Flughafen als auch den Eros Airport, der im Kurzstreckenverkehr genutzt wird, sowohl im Inland als auch für Flüge nach Südafrika.

Air Namibia	
gegründet	1947
Sitz	Windhoek
IATA/ICAO-Code	SW/NMB
Passagiere	**0,07 Mio.**
Flotte gesamt	8
ERJ 135, A319, A340-300, 737-500	
Allianz	keine
Hubs	Windhoek

ANA
STAR AL
ANA
711

TOKYO
ANA
JA8271

1997 stellten die Star-Gründungsmitglieder ihre Flugzeuge zum Phototermin in Frankfurt auf.

Star Alliance

Es gibt dieses Bild, auf dem die Flugzeuge der fünf Gründungsmitglieder auf dem Vorfeld des Frankfurter Flughafens sternförmig geparkt sind. Sie sollten das Logo des neuen Bündnisses Star Alliance darstellen und der Branche verdeutlichen, dass hier etwas Großes entsteht.

1997 ist das gewesen und man kann wohl behaupten, dass seither zwei Megatrends die Branche prägen: Das Wachstum der Billigfluggesellschaften und eben das Entstehen der Allianzen, in denen sich die großen etablierten Airlines zusammengetan haben. Sie sind einerseits Marketinginstrument, aber sie dienen auch dazu, den Definitionsrahmen für die Konsolidierung des Luftverkehrssektors abzustecken. Häufig fusionieren Allianzmitglieder, und häufig fusionieren Konkurrenten, gerade weil sie unterschiedlichen Camps angehören und dadurch noch mehr Synergien finden.

Ende der 90er-Jahre war all dies aber noch ein Stück weit entfernt. Die Idee hinter der Star Alliance war eher, wie man ein möglichst großes Streckennetz anbieten konnte, ohne dabei selbst alle Verbindungen fliegen zu müssen.

Interlining hatte es schon lange vorher gegeben und damit auch virtuelle Netze, aber die Allianz sollte mehr bieten: Vielfliegerprogramme, die gegenseitig anerkannt werden, Lounges und ein Netz, das durch wettbewerbsrechtliche Freigaben besser aufeinander abgestimmt ist. Einer der Gründerväter der Star Alliance war Jürgen Weber, der ehemalige Vorstandsvorsitzender der Lufthansa.

Star hatte in den ersten Jahren einen deutlichen Vorsprung gegenüber den Konkurrenten bei Skyteam und Oneworld, und der hat sich teilweise bis heute erhalten. Star ist immer noch die größte der drei globalen Allianzen, aber sie ist nicht mehr überall dominant. In China beispielsweise hat ihr Skyteam den Rang abgelaufen, denn mit China Eastern und China Southern gehörten dort Anfang 2012 zwei der drei großen Airlines zur Konkurrenz. Cathay Pacific in Hongkong ist seit vielen Jahren in der Oneworld-Allianz.

Anfangs gehörten United Airlines, SAS Scandinavian, Lufthansa, Air Canada und Thai Airways zu der ersten globalen Allianz. Wenig später stieß noch die brasilianische Fluggesellschaft Varig dazu. Varig ist allerdings auch ein gutes Beispiel dafür, dass es bei Star nicht immer nur bergauf ging. Varig schied 2006 durch Insolvenz aus, vier Jahre lang musste Star daraufhin ohne Partner im größten südamerikanischen Markt – Brasilien – auskommen. Erst 2010 gelang es, TAM Brazil zu integrieren. Deren Fusion mit LAN Chile allerdings stellt die nächste Bedrohung dar. Auch andere Airlines sind mittlerweile wieder verschwunden: Ansett Australia ging 2002 Pleite, Mexicana verließ die Gruppe nach Konflikten mit United, Shanghai Airlines fusionierte mit China Eastern und Anfang 2012 stellte Spanair den Flugbetrieb ein.

Nichtsdestoweniger ist Star mit derzeit knapp 30 Mitgliedern Marktführer geblieben. Das gilt nicht nur für die Zahl der angebotenen Flüge, auch bei der Integration setzte die Allianz Maßstäbe. Schon früh gründeten die Mitglieder eine eigene Organisation, die für die Vermittlung zwischen ihnen zuständig ist, neue Kandidaten auswählt und prüft. Die Organisation ist seit Jahren in Büros am Frankfurter Flughafen untergebracht.

Star Alliance	
gegründet	1997
Sitz	Frankfurt
Flugzeuge	ca. 4000
Mitglieder	United Airlines, Singapore Airlines, Thai Airways, Air New Zealand, Lufthansa, Austrian, Brussels Airlines, Swiss, LOT Polish Airlines, Aegean Airlines, TAM Brazil, South African Airways, Egyptair, Ethiopian Airlines, Air China, Air Canada, All Nippon Airways, Asiana, Blue 1, Croatia Airlines, SAS Scandinavian Airlines, TAP Portugal, Turkish Airlines, US Airways
Kandidaten	Avianca-Taca, Copa Airlines, Shenzhen Airlines, EVA Air
Ehemalige	Ansett Australia, Varig, Mexicana, BMI, Spanair, Continental, Shanghai Airlines

member of
one
airberlin
airberlin
airberlin.com
XA

airberlin
orld
erlin.com

Airberlin trat 2012 der Allianz bei.

Oneworld

Oneworld ist nach der Star Alliance die zweite globale Allianz, die sich formiert hat. Oneworld wurde im Jahr 1999 gegründet, also etwa zwei Jahre nach Star. Zu den Gründungsmitgliedern gehörten British Airways, American Airlines, Cathay Pacific, Canadian Airlines und Qantas. Canadian ist allerdings nicht mehr mit an Bord, die Airline ging schon im Jahr 2000 Pleite.

Das Bündnis rund um American und BA hat von Anfang an eine andere Strategie als Star verfolgt. Oneworld war lange Zeit weniger stark integriert und ließ ihren Mitgliedern deutlich mehr Freiräume. Bei Oneworld ist es bis heute durchaus üblich, dass die einzelnen Mitglieder auch mit Airlines außerhalb der Allianz enge Kooperationen pflegen, bei Star und Skyteam ist dies stärker reglementiert. Qantas aber kann ohne Probleme Gemeinschaftsflüge mit Air France anbieten, obwohl Australien auch für British Airways ein wichtiger Markt ist. Und Cathay Pacific ist sogar eine Überkreuzbeteiligung mit Air China eingegangen, ohne dass sich daran jemand gestört hätte.

So nahe wie keine der anderen beiden Allianzen stand Oneworld aber auch vor dem Aus. Mit Japan Airlines durchlief 2009 eines ihrer wichtigsten

Mitglieder ein Insolvenzverfahren und es bestand die sehr realistische Möglichkeit, dass Rivale Skyteam JAL mit großen finanziellen Anreizen ins gegnerische Lager ziehen könnte. Ohne den wichtigsten Partner in Asien hätte Oneworld massiv an Bedeutung verloren. Am Ende gelang es den anderen Oneworld-Mitgliedern aber mit vereinten Kräften, JAL zum Bleiben zu bewegen.

Im gleichen Jahr hatten American Airlines, British Airways und Iberia die Freigabe von wettbewerbsrechtlichen Beschränkungen über dem Nordatlantik beantragt, nachdem ihnen diese zuvor verweigert worden war.

Doch mit der Öffnung von London-Heathrow für alle amerikanischen Airlines (soweit diese Start- und Landezeiten finden konnten) hatten sich die Rahmenbedingungen grundlegend geändert. Die Europäische Kommission und die US-Regierung genehmigten den Zusammenschluss schließlich doch, und damit war indirekt auch Oneworld in ihrem Kern gestärkt.

Über viele Jahre war John McCulloch Chef der Allianz mit Sitz im kanadischen Vancouver. Er organisierte mit seinen Mitarbeitern die Expansion von Oneworld, doch 2011 zog er sich zurück. Er wurde vom Bruce Ashby ersetzt, der zuvor in leitenden Funktionen bei US Airways und United Airlines tätig war. Später war Ashby CEO von Indigo (Indien) und Sama (Saudi-Arabien). Mit dem Wechsel im Management zog auch die Allianz um. Oneworld ist jetzt im New Yorker Stadtteil Manhattan ansässig.

Ashby hat zwar die ganz starke Wachstumsphase nicht mehr mitgemacht, dennoch bleibt auch für ihn noch genug zu tun. In China ist Oneworld deutlich hinter Star, vor allem aber Skyteam zurückgefallen. In Indien zeichnet sich ebenfalls noch kein Partner ab. Und zwar stehen die Chancen gut, dass auch die neue LATAM Gruppe (formiert aus LAN und TAM) wie die chilenische LAN in der Allianz bleibt, doch wird der Konzern auch von Star und Skyteam heftig umworben.

In Russland hingegen hat Oneworld mit S7 Airlines den Anbieter mit dem größten inländischen Streckennetz an Bord.

Und auch im Nahen Osten scheint sich bald etwas zu tun. Willie Walsh, Chef der British Airways-Holding International Airlines Group, hat zuletzt deutlich zu verstehen gegeben, dass er gerne bald Qatar Airways aufnehmen würde.

Oneworld	
gegründet	1999
Sitz	New York
Flugzeuge	ca. 2400
Mitglieder	Air Berlin, American Airlines, British Airways, Cathay Pacific, Finnair, Iberia, Japan Airlines, LAN, Qantas, Royal Jordanian, S7 Airlines
Kandidaten	Kingfisher Airlines, Malaysia Airlines, SriLankan Airlines
Ehemalige	Aer Lingus, Mexicana, Canadian, Malev

SKYTE
DUCA DEGLI ABRUZZI
Alitalia
BP

Korean Air gehört zu den Gründungsmitlgiedern von Skyteam.

Skyteam

Air France und Delta Air Lines waren der Nukleus, um den herum sich im Jahr 2000 die dritte globale Allianz bildete. In den Jahren zuvor waren Star (um Lufthansa und United) und Oneworld (um British Airways und American Airlines) entstanden – die beiden weiteren großen Airlines in Europa und den USA waren in Zugzwang. Skyteam bestand ursprünglich aus Air France, Delta, Aeromexico und Korean Air. Doch wie die anderen beiden Bündnisse wuchs die Allianz in den vergangenen Jahren stark an. Wer Langstreckenflüge anbot und ein klassisches Geschäftsmodell verfolgte, der konnte es sich schließlich immer weniger leisten, nicht bei einem der drei Bündnisse mitzumachen. Ausnahme sind bis heute die drei Golf-Carrier Emirates, Qatar Airways und Etihad Airways, die auf eigene Faust weltumspannende Streckennetze aufbauen.

Die beiden mit Abstand größten Skyteam-Mitglieder Air France und Delta gewannen intern im Laufe der Jahre immer mehr an Bedeutung. Sie fusionierten mit KLM Royal Dutch respektive Northwest Airlines, die ihrerseits durch ihr bilaterales Abkommen die Allianzentwicklung vorweggenommen hatten. Obwohl Skyteam erst als letztes gegründet worden ist, ist sie in wichtigen Märkten mittlerweile deutlich führend. Einer der größten Erfolge für Skyteam war es, als 2006 Aeroflot sich entgegen der allgemeinen Erwartungen nicht für Star (und Lufthansa), sondern für Skyteam und Air France-KLM entschied. Damit hatte die Allianz einen Zugang zum russischen Markt, an den allenfalls Oneworld heranreicht. Star ist weiterhin abgeschlagen. Auch in China hat Skyteam eine beeindruckende Präsenz: China Eastern und China Southern sind dort mit an Bord, Ende 2012 sollte auch noch Xiamen Airlines folgen. Ein Schwachpunkt im Netz von Skyteam ist hingegen Südamerika. Dort ist die Allianz derzeit gar nicht vertreten, Aeromexico ist das geographisch am nächsten basierte Mitglied. Allerdings befindet sich Aerolineas Argentinas im Aufnahmeprozess und soll noch im Laufe des Jahres 2012 integriert werden. Delta hat sich auch an der brasilianischen Fluggesellschaft Gol beteiligt, um diese gegenüber möglichen Avancen der Konkurrenz zu immunisieren. Zwar rechnet kaum jemand damit, dass Gol kurzfristig beitreten wird, allerdings haben sich Delta und Skyteam mit dem Schritt zumindest mittelfristig einen Zugang zum brasilianischen Markt gesichert, und zwar unabhängig vom neuen Giganten LATAM.

Im Nahen Osten hat Skyteam ebenfalls einen Rückstand aufzuholen, dort haben Oneworld (mit Royal Jordanian) und Star (mit Egyptair) schon länger zwei stabile Vertreter gefunden. Doch auch hier werden sich bald die Gewichte wieder ein wenig verschieben. Middle East Airlines und Saudi Arabian sind als zusätzliche Mitglieder ausgewählt. Deutlich wichtiger noch ist allerdings die Zusage von Garuda Indonesia. Die Fluggesellschaft hat schwere Zeiten hinter sich und durfte sogar eine Weile nicht mehr selbst nach Europa fliegen, weil die Europäische Kommission alle indonesischen Airlines auf ihre schwarze Liste gesetzt hatte. Doch die Zeiten sind mittlerweile passé, Garuda hat einen bemerkenswerten Wandel hingelegt und hat große Ambitionen, weiter zu wachsen.

Die Skyteam-Verwaltung befindet sich in einem Bürogebäude am Flughafen Amsterdam-Schiphol. Eine relativ kleine Mannschaft koordiniert dort mit dem ehemaligen KLM-Vorstand Michael Wisbrun die Allianz-Aktivitäten. Wisbrun will die Mitglieder des Skyteams stäker in die Allianz integrieren und dabei gleichzeitig versuchen, Einsparmöglichkeiten für alle Beteiligten zu finden.

Skyteam	
gegründet	2000
Sitz	Amsterdam
Flugzeuge	ca. 3500
Mitglieder	Aeroflot, Aeromexico, Air Europa, Air France, Alitalia, China Airlines, China Eastern, China Southern, CSA Czech Airlines, Delta, Kenya Airways, KLM Royal Dutch, Korean Air, Tarom, Vietnam Airlines
Kandidaten	Aerolineas Argentinas, Garuda Indonesia, Saudi Arabian Airlines, Middle East Airlines, Xiamen Airlines
Ehemalige	Continental Airlines, Northwest Airlines

Register